U0612208

ABSOLUTE
EXECUTION

The Truth About Lack of Execution

绝对执行力

可训练的执行力驱动法则

张松 著

中国法制出版社

CHINA LEGAL PUBLISHING HOUSE

每个人都渴望获得成功、渴望实现自己的梦想，能在人生的舞台上留下光彩夺目的印记，但是很多人往往在行动的时候才会发现，想是一回事，做是另外一回事。

有的人思考得太多、太久、太乱，却不知道该如何迈开第一步；有的人对于自己真正想要的东西并不清楚，以致最初行动的方向就发生了偏差，让自己距离梦想越来越远；有的人缺乏明确的目标，在行动中犹如无头苍蝇，总是找不到正确的方向；有的人在行动前开始犹豫，浪费时间、拖拖拉拉；有的人不善于调动团队成员的积极性……凡此种种，都会造成执行力低下，会让任务执行的步伐越来越慢，取得的成果越来越少。最终，我们可能被困在事事都做不好的难堪境地，抱怨不休，甚至怀疑自我："为什么我的执行力这么差？为什么我离成功这么远？"

想要解决这样的问题，就要从根本上认识执行力，了解可能影响执行力的各种因素。比如，我们的思维不够简化、梦想不够坚定、目标不够明确，计划不够清晰等。我们可能会像没头苍蝇一样乱撞，花费了很多力气，最终却一无所得。还有，如果我们总下不了决心开始行动的第一步，或是不善于进行时间管理，在行动中更是时常分心、拖延散漫，那也会影响行动的速度和质量。

找到了执行力低下的根本原因，我们才能够对症下药，去提升自己的执行力，而这也是本书想要达到的目标。本书是一本全面提升执行力的实用手册，记录了很多当代上班族、创业者、管理者，和学生的亲身经历，相信真诚的故事能够打动读者，更能够让读者从中得到些许启发。

例如，一位文字工作者勇敢地跳出了稳定的"舒适区"，为追逐梦想坚定向前行动着；一个他人眼中的失败者通过明确目标，积极行动，成了拥有很高人气的演讲师；一位房产销售员借助"超级整理法"为自己节省了大量时间，提升了工作效率；一位团队管理者通过巧妙的授权，既为自己赢得了更多的机动时间，还充分挖掘出了下属的潜能……这些发生在普通人身上的例子将引领读者学会很多从"思考"到"行动"的方法，并掌握更多提升行动"结果"的原则。这些方法和原则简单易行，如果读者从现在开始坚持锻炼，就能够逐渐扫除行动路上遇到的种种障碍，并找到掌控生活、工作、学习的最佳途径。

阅读本书，将让读者遇到一个全新的自我，并引领读者以积极的行动去拥抱更加美好的未来！

目录

第一章

简化思维，摆脱无效思考

思维决定行动，思维决定出路

我们之所以能够做出各项行动，是由思维决定的。思维积极主动，就常常能够做出大胆、果决的行动，抓住眼前的机遇，为自己找到更加开阔的出路；相反，如果思维局限消极，或是陷入了烦琐的思考，我们在执行任务时就会束手束脚、犹豫拖延，常常错失良机，难以让自己获得更大的进步。

在当今这个瞬息万变的时代，提高思维能力已经成为对每种职业、每个人的要求。如果我们渴望实现自我、想要找到行动的方向、想要获得一种能够支撑自己走向成功的动力的话，就得从改造自己的思维入手，因为思维能够拓宽我们的眼界，提升我们解决问题的能力，让我们能够及时抓住机遇展开行动，从而顺利地开启成功的大门。

李东在2013年大学毕业后，就萌生了自己创业的想法。最初他没有经验，尝试过好几个项目后，都没能获得成功，反而还赔了不少钱。李东的家人、朋友都苦劝他赶快停止这种不切实际的做法，老老实实地去找一份工作养活自己。

李东却不肯轻易服输，他痛定思痛，开始思考自己创业屡屡失败的原因。他意识到，问题出在自己的思维方式上。在过去，他的思维片面狭窄，总是看到什么项目的前景好、利润高，就不顾一切地投入资金，想要快速实现自己的创业梦想。可是这种热门项目的竞争也大都特别激烈，无数和李东一样怀揣梦想的人都在拼命地涌入热门行业，在这种情况下想要脱颖而出显然是十分困难的。

李东意识到自己应当转变思维，寻找一些别人尚未涉足的蓝海领域，开辟出一片新的市场。于是他沉下心来，一门心思寻找这方面的机会。有一天，李东在调查市场的时候听到一位私营企业的老板抱怨说，想要给员工定制统一的服装，可是服装厂发来的款式陈旧、古板，完全无法突出公司的特点。老板的话让李东茅塞顿开——他恰好认识几个学服装设计的朋友，如果让他们在定制服装上下下功夫，不就能够满足老板的需求了吗？

李东说做就做，他回去后立刻联系了朋友，请他们设计了一些时尚、青春又美观的文化衫图样，再加上该公司的LOGO。那家企业的老板看到这些图样后十分满意，马上决定向李东订购200件文化衫。李东喜出望外，又赶紧去联系服装厂打版、生产，最终如期交货，减去各种成本后，他获得了3000多元的净利润。

通过这件事，李东看到了定制的商机，广大的企业、机构十分需要更加个性、时尚的定制服装，而很多服装厂却还没有掌握这个有价值的"信息"，没有来得及转变思维迎合市场。于是，李东把握住了难得的机遇，雷厉风行地开办了自己的定制公司，将生意越做越大，获得的利益也越来越多。

李东能够在商海取胜，关键就在于他及时发现在了自己的问题，并修正了自己的固有观念，然后用创新性的思维指导自己的创业行动，这样才能从激烈竞争的红海市场中突围，找到拥有无限潜力的蓝海市场。

我们在行动的过程中如果发现结果无法让自己满意，就可以像李东这样从思维的角度进行反思，找到自己在思维上存在的问题，然后想尽办法寻找突破，力求以新观念、新思维去应对不断发展的事物本身，这样才能提升自己的执行力和各项能力，并最终获得成功。

在改造思维的过程中，我们应当学会努力培养一些正确的思维方式。

▶ 目标导向思维

目标导向思维，就是永远从目标出发，根据目标的要求，明确实现目标的条件，直到清楚地找到实现目标的路径，从而步步推进、稳扎稳打，完成既定的目标。

在现实生活中，很多人的目标感不够强烈、行动时思虑太多、不够简化，导致他们很难踏出第一步。而那些拥有目标导向思维的人则会表现出强烈的动机，他们在行动时非常果决，即使遭受了一些挫折，也不会轻言放弃，而会把挫折看成一种让自己变得更加强大的机会。因此他们会充满信心地向着目标前进，这也使他们更容易成功。

▶ 创新思维

创新思维就是思维模式有别于常规思维、定势思维，能够想他人不能想，从而可以利用现有的物质和知识资源，创造出新的产品、技术、方法、路径等。创新思维又包括能够帮助我们突破教条思维的逆向思维、能够帮助我们突破观念桎梏的批判思维、能够帮助我们跳脱常识限制的联想思维等。

创新思维使我们能够解决看似无法解决的问题，并取得更大的成就。想要锻炼创新思维，就要跳出现有思维方式的桎梏，寻求对问题的全新解答，这样的思维过程才能称得上是创新。在这个过程中，我们要注意摆脱思维惯性、积极打开思维的空间，发挥出自己的创造力、想象力，哪怕是异想天开，也可以先尝试，这样才能把看似不切实际的奇思妙想通过行动变成美好的现实。

▶ 结构化思维

结构化思维就是从多侧面、多角度去认识事物，而不是只看事情的局部就随意得出结论。结构化思维能够帮助我们发现事情与事情的关联，并可以让我们透过事物的现象，观察到它的本质，可以深刻分析各种问题出现的原因，这样就能避免简单思维造成的局限性，让我们在行动时方向更加准确、条理更加分明。

在现实生活中，有很多结构化思维力较弱的人在处理问题时常常会忽略大局，容易深陷于各种细节中，造成了时间和精力的浪费。而结构化思维力强的人能够全面思考问题，并且能够从不同角度和出发点来均衡地看待一些现象，从而得出更加客观、准确的结论，在行动时也更加得心应手。

▶ 极致思维

极致思维，简单理解就是要在行动上付出超强的努力，争取把事情做到极致。这也要求我们无论做任何事情，都要做得比别人到位、想得比别人周到。比如你准备开一家餐厅，一般人们会将自己的精力放在选址、装修等问题上，对于菜品的口味反倒会关注得少一些。相反，追求极致的人士会从食品材料、配料、工艺方面一点点打磨，甚至还会提供免费的菜品供顾客品尝，从而测试出最佳的口味。最终，这样的餐厅会因为自己的招牌菜而逐渐做出口碑，凭借独到的特色赢得顾客的欢迎，而其他餐厅会因为口味大众化、缺乏特色和吸引力逐渐湮没在激烈的市场竞争中。

这就是极致与非极致的区别，所以我们在行动之前就应当培养自己的极致思维——要行动就要拿出做到极致的决心，这样花在行动上的时间和精力才会更有意义。

▶ 重点思维

重点思维也是我们在提升执行力时必不可缺的一种思维模式，它指的是在认识问题和解决问题的过程中善于抓住重点、找到关键，避免被无关紧要的细节分散注意力，从而提高工作和学习的效率。同时，重点思维也可以让我们知道自己应当做哪些事、不应当做哪些事，这样在日益要求时效的工作和学习中，我们才能用更少的时间完成更多的事情，还不会错过重要的事情。

当然，我们需要培养的思维方式不止以上这几种，思维决定行动，思维决定出路，我们能做的就是多思考、多反思，要拆掉我们头脑里的墙，改变陈旧的思维模式，减少无效的、错误的思考对自己的误导，这样才有可能真正的优化行动，进而改变我们自身！

不要用过多的时间思考"如何行动"

有位哲人曾这样说道："如果你花太多时间思考如何行动，你将永远也无法展开行动。"的确，很多执行力不佳的人就犯了这样的错误，他们将思考的重心放在"我该如何行动"而不是"我该如何解决问题"上，这样一来，思考的目的就会发生偏差，思考很容易多于行动，会让他们变得优柔寡断、犹豫不决。

为了避免出现这样的问题，我们需要学会平衡思考与行动：既不能不加思考地盲目行动，也不应该只空想思路却不真抓实干，这些都不符合执行力的要求。

丽华是一名大四学生，还有几个月就要毕业，她正面临着一个重要的人生抉择：考研还是就业。

丽华几乎每天都在焦虑的思考中度过，她的心中是偏向于考研的，因为她非常喜欢母校的人文环境，实在舍不得离开这片熟悉的校园，而且她对自己的专业也怀着浓厚的兴趣，很想获得继续深造的机会。

可是，丽华想到自己的家庭条件并不宽裕，家人很希望自己能尽快参加工作，获得一份收入，如果继续攻读研究生，可能会给家里增添更多负担。

就这样，丽华在考研和工作之间来回摇摆，每天纠结、不安，情绪变得很不稳定，晚上也常常出现失眠的情况。在无奈之下，她寻求过辅导员老师、学长的建议，也和家人进行过沟通，但种种建议反而让她更加迷惑了。

一晃几个月时间过去，丽华还没有下定决心，可是考研的日子已经越来越近，校园招聘的机会也越来越少，但丽华把时间都用在了思考"如何行动"上，既没有为考研复习功课，也没有为招聘准备材料，很有可能两条路都走不通，这让她更加焦虑了……

丽华将太多的时间用在思考如何行动上，让自己陷入了死循环。在受困于思考的同时，她没有为解决问题做好必要的准备，还错过了不少好机会。因为没有采取及时的行动，她在未来很有可能还会遇到更多障碍。

像丽华这样的个案就是因没有把握好思考和行动的平衡而造成的，她长时间停留在思考的层次，让思维走过了太长的路，却没有把自己带往正确的方向，因此始终无法解决根本问题。想要重新掌握思考和行动的平衡、找到最佳解决方案并及时行动，就要学会把握思维的路径。

那么，思维的路径到底是怎样的呢？

▶ 第一步：正确认识问题

只有正确地认识问题，才能保证思维的方向不会发生偏移。而这需要我们及时发现问题，因为有的问题是显性的，就摆在我们的面前；有一些隐形的问题，需要我们透过一些外部特征直达事物的本质才能发现它的存在。

对于发现的问题，我们还要学会正确地描述，因为这是解决问题的关键，也是发挥执行力的起点。比如在上面的例子中，丽华将问题描述为"我该考研还是该工作"，就让自己的注意力在这两个选项中来回摇摆，致使思维走进了没有结果的死胡同，耽误了大量宝贵的时间，没能及时采取行动。假设她对问题重新进行描述，改为"我毕业后如何以最快的速度实现财务自由"，那就会由选择题变成问答题，她就可以跳出"考研"和"找工作"的局限，充分发挥创造力去解决问题，也许，她就能找到更好的方案，并激发出自己的潜力。

▶ 第二步：对问题进行深入分析和研究

在正确认识问题之后，就要对问题进行深入的分析和研究。为此，我们需要收集必要的信息，比如可以通过实地考察获得信息，也可以查阅相关书籍、咨询相关专家，还可以对比过去的经验等，然后我们还要对这些信息进行处理，以掌握与问题有关的事实真相。在这个过程中，我们需要保持适当的怀疑态度，不要拿到什么信息就相信什么信息，以免做出错误的决策。另外，我们还要保持自己的注意力集中，以免被一些无关的信息或旁枝末节的信息占用大量时间。

假如问题比较复杂，我们还可以用"剥洋葱"的办法，将大问题拆解成小的、容易解决的子问题，再分别进行分析工作，这会大大降低问题解决的难度，并会让我们对问题的研究更加透彻。

▶ 第三步：提出解决问题的方案

在充分研究问题之后，我们就可以制定解决方案了。在这个环节中，我们可以依靠"大胆假设，小心求证"的办法来提出尽可能多的方案，这些方案可以从多个角度解决问题，可以包容多种可能性，而且越是复杂的问题就越要提出更多解决方案。

当然，有的方案可能在实施中出现很多困难，有的方案甚至看起来有些异想天开，但我们先不要急于对它们进行判断，因为这是下一环节的任务。在本环节中我们只要保持思维的开放与灵活，尽量穷尽一切可能，列出所有的方案就足够了。

▶ 第四步：从众多方案中筛选最佳方案

现在，我们面前已经出现了众多的解决问题的方案，对于这些方案该如何筛选呢？一方面要根据问题的类型来决定，有的专业性很强的问题有一些方案筛选模型，可以帮助我们更加精准地找到最佳方案；另一方面，我们可以通过对比方案实施需要花费的时间、金钱以及其他资源，再预测每个方案能够为我们带来的收益，然后权衡比较，就可以找到能够用最小成本获得最大收益的方案，并可以将它定为最佳方案。

需要注意的是，有的复杂问题单纯依靠一种方案可能无法得到彻底的解决，所以我们可以精心挑选几种方案组合使用，大大提升问题解决的可能性。

经过上述几个步骤后，最后的也是最关键的步骤就是付诸行动了。我们必须时刻提醒自己：仅仅依靠思考是不能解决现实问题的，问题只能通过行动才能获得解决，而行动也是验证我们的思维路径是否有效的唯一办法，如果不去行动，之前花费大量时间找到的方案也就没有了价值。

因此，我们一旦获得最佳方案后就要毫不拖延地行动，并且在行动中有不达目的不罢休的精神，如此才能验证思维是否确实有效，也才能够让我们把握好思考与行动的平衡，让自己的执行力不断提升。

把无用思考和行动分开

在认识问题、分析问题的过程中，我们要注意减少无用的思考。这是一种不良的思维习惯，会浪费大量的时间和精力，却始终无法做出关键性行动。

有很多人思维活跃，满脑子都是关于各种不切实际的想法，可是其中没有哪怕一条想法能够对实际行动产生助力，像这样的思考就是一种"无用的思考"，会让自己在思考中迷失自我、丧失目标。

田文是一个胸怀大志的年轻人，每天都在思考如何创业、如何证明自己的价值，可是多年来，田文却始终是个普通的上班族，拿着一份微薄的工资。

　　有个同事在闲聊的时候问田文："你不是每天都在思考创业吗？怎么不见你付诸行动？"田文将双手背在身后，露出了莫测高深的微笑，告诉对方："你根本不会明白我的想法。我早就看好了几个项目，现在国家经济形势这么好，这个行业的前景十分乐观。要是我手头有50万元，我就投入A项目20万元，B项目30万元。我计算过，不到3年就能回本，5年就能获得可观的利润。到时我还可以开自己的公司……"

　　同事听到这里，忍不住打断他："前两年你就这么说了，怎么，你还没搞到50万启动资金吗？"

　　田文有些尴尬地停止了畅想，为自己辩解道："这不是时机还没到么，等我筹够了资金，我一定行动。"

　　于是同事笑了起来，大家都知道田文是个"思考的巨人，行动的矮子"，尽管他有各种各样的想法，但也只限于想想罢了，真让他去展开行动，他却没有这样的魄力。

　　像田文一样困在无用思考中的人并非少数，他们中有很多最常犯的错误就是"等我怎样怎样了就会行动"，这样的思维逻辑会严重影响一个人的执行力。因为不可能每次行动前我们都能够具备所有的条件，等到"万事俱备"的时候很有可能已经错过了最佳的时机。

所以，我们不能总想着具备某些条件后才能行动，而是要思考在不具备某些条件的情况下如何行动才能获得成功。这两句话看似差别不大，却代表了两种完全不同的思维方式。前者就像是给自己设置了枷锁，始终难以突破，后者则会激发出强大的执行力，有可能让问题获得创造性的解决方案。就像田文，他就可以思考在资金有限的情况下如何创业，这样就不会受困于"资金不足"的条件限制，也不会让他始终无法开始创业的第一步。

在工作和生活中，我们可能也会在不知不觉中陷入各种无用的思考，现在就让我们来反思一下，是不是曾经有过以下问题。

▶ 思考过度

很多人会遇到思考过度的问题，这就是在遇到问题的时候，倾向于思考每一个细节、每一种可能性，使得脑海中拥挤着各种想法，轻易停不下来。这种情况也被心理学家称为"强迫性穷思竭虑"，比如有的人仅仅会为了思考"出门该穿什么衣服"的问题，就在脑海中生成了几十种方案，这种过度的思考不但会让我们感觉筋疲力尽、十分痛苦，还会让我们的执行力不断减弱。因为我们想到的方案越多，在选择时就会越困难，如果方案实在太多，我们甚至会对需要解决的问题止步不前。

为了尽量减少思考过度的问题，我们要学会对自己"喊停"，要在大脑陷入无效运转时紧急提醒自己"我现在不应该继续想这件事"，同时我们可以做一些转移注意力的事情让大脑获得解放。比如可以做一会儿体育运动，听一会儿音乐，或者跟同事、朋友进行一些有益的讨论等。之后当感觉头脑变得清晰的时候，就可以重新思考，这时说不定会有好的灵感涌现，我们也就可以采取行动继而解决实际的问题了。

▶ 思考不透彻

思考不透彻与思考过度相反，是还没有进行充分的思考，就轻易给出了结论，可是这时自己对于问题的认知还处于比较肤浅的阶段，所以得出的结论往往也不够客观。比如在工作中，领导给我们安排了一项比较艰巨的任务，我们还没有进行深入透彻的思考，就得出"我能行，没问题"或"太难了，我做不到"的结论，这种做法是极其草率的，很有可能会让我们在之后的工作中遇到很多问题。

所以在遇到问题的时候，应当先把问题本身弄明白，然后通过深透思考寻找对策，千万不能只满足于停留在问题的表面，更不能不假思索地下"是"或"否"的结论。

▶ 思考过于片面

在思考事物的时候只看局部、不顾整体的片面化问题在现实生活中也是非常普遍的，比如有的人在采取某种行动的时候只看对自己有利的一面，却不考虑这样做会不会给他人、给社会带来一些负面影响，结果在行动中损害了他人的利益或是破坏了正常的社会秩序，自己也要付出相应的代价，这就是片面思考带来的害处。

为此，我们应当改变这种错误的思考方式，在认识事物、做出决策的时候一定要避免犯以偏概全、片面判断的做法。为了让自己对事物的认识更加全面、客观，我们还要养成站在对方立场考虑问题的习惯，并要学会多角度思考，才能让自己做出更加合理的行动决策。

▶ 不会独立思考

独立思考也是一种非常重要的能力，但是有不少人在这方面有欠缺，他们在思考时容易受到书本上的知识或他人意见的影响，不懂得质疑，也没有独立客观的判断能力，这样他们在行动中就会缺乏个性，很难找到适合自己的道路。

真正优秀的人敢于质疑那些值得怀疑的事物，并会在质疑之后查找大量的相关资料，或是亲自动手实践，以查明事实真相。这类善于独立思考的人，他们的学习能力、创造力、执行力也都会大大高于普通人，他们能够与时俱进，因而会更适应社会和时代的发展。我们也应该向他们学习，要锻炼独立的、懂得思辨的头脑，去分析自己接收到的信息以及身边的一切人、事、物，再用独立思考获得的结论去指导行动，就不会变得人云亦云、随波逐流。

▶ 习惯直线思维

直线思维就是我们常说的"一根筋""钻牛角尖"，这是一种定向思考问题的方法，会让人视野变得局限，思路变得狭窄。习惯于直线思维的人在遇到问题时，思想直来直去，犹如一条直线一样，他们只会依赖于一种解决方案，应变能力较差，也缺乏丰富的想象力，所以一旦遇到事态发生变化的情况，就会在行动中捉襟见肘、处处受困。

有句俗语叫"条条大路通罗马"——并不是只有一种方法、一条道路才能帮助我们达成目的，所以我们在思考问题的时候要用开放的心态去面对外界的变化，这样就可以找到更多的道路，之后再根据实际情况选择最符合自己的道路，让自己的执行力上升到更高的水平。

跳出自动思考的陷阱

除了无用思考，我们还要注意防范一种叫作自动思考的思维陷阱。这种思维方式是自动化的，也就是我们常说的不假思索。这种自动思考在生活中非常普遍，比如当我们遇到一些事情或处于某种情境时，还没来得及从主观角度判断和分析，一些想法、念头、观点就已经瞬间闪现在我们的脑海中了，这就是大脑在自动思考。

从表面上看，自动思考好像非常省力和方便，但实际上，它并不是完整且成熟的思维过程，所得到的结论很多都是不正确、不客观的。如果我们将自动思考的结论用来指导行动，难免会遇到很多麻烦。

薛菁在一家公司担任会计，她每天工作很认真，但会计工作比较琐碎，难免会出现一些失误。有一次，薛菁在对账时，发现自己把一笔账目中的一个数字的小数点点错了，导致了一连串错误，很多工作都得推倒重来。此时薛菁脑海中立刻浮现出了这样的想法："我太笨了，这么点小事都做不好！""完蛋了，同事们肯定都会笑话我，领导也会批评我！"

可事实上，同事和领导并没有对薛菁进行过多指责，但薛菁却摆脱不了自动思考，脑海里全是负面想法，根本没有办法把注意力集中在工作上，后面对账时更是漏洞百出，她想控制都控制不了。

好不容易熬到了午休的时候，薛菁像逃跑一样冲出了公司。她打算逛逛街让自己缓解一下压力，就来到了公司附近的一家超市。在超市里，薛菁远远看见一位上级也在购物，她赶紧挤出笑脸，向上级点头示意，可是上级并没有回应，转身就走开了。

其实这位上级可能是因为近视，加上距离比较远，没有看清薛菁，才会做出这样的表现。可是薛菁此时已经开始了自动思考："糟糕了，上级肯定是因为我的工作失误对我产生了强烈的反感，才会不理睬我。"带着这样的想法回到公司后，薛菁更是无法面对工作，执行力越来越差，本来半天就能完成的任务拖了几天也没做好……

薛菁在不知不觉中陷入了自动思考的陷阱，把大脑自动闪现的思维当成了正确的结论，并因此对自己进行了很多负面判断，导致情绪更加低落、认知更加歪曲，由此影响了后续的工作。

薛菁遇到的这种问题在很多人身上也会不同程度地出现，想要有所改变就要注意做好以下几点。

▶ 识别出脑海中的自动思维

想要摆脱自动思考对自己的控制，我们首先要学会将自动思维和其他思维分别开来。其实这种识别方法是非常简单的，就是当一个念头出现在脑海中，马上问自己"我正在想什么？"因为自动思维是不经过大脑思考、直接在某种场景下就会出现的，所以当你开始主动思考的时候，就会打断自动思考，并有可能产生出与自动思考完全不同的想法。

比如在上面的案例中，薛菁在行动中出现了失误，她就产生了"我很笨""会被笑话"的想法，如果她马上斩断这个自动思考，开始主动思考和分析问题，很容易就会想到"会计工作中出现偶尔的失误是正常的，并不代表个人能力有严重欠缺"，这样她也就不会受困于自动思考而觉得沮丧、烦躁了。

▶ 对自动思考得出的结论进行评价

在识别出了自动思考的结论后，我们要对这些结论进行评价，以免被一些错误的结论误导而影响了行动。比如我们拿到了一本厚厚的文学名著，一翻开书页，看到密密麻麻的文字，就产生了"篇幅这么长，肯定很难懂，还是别浪费时间了"的自动思考，接着就会扔下这本书，拿起手机看起了新闻。这样做可能会错过一本很有价值的作品，让自己少了一个积累知识和提高品位的机会。

所以在这个时候，我们就应该对自动思考得出的结论进行评价，看看它是不是出现了偏差。像"这本书看似厚重深奥，但其中内容未必枯燥乏味"，如果我们尝试去看上一页，就会发现自我思考的结论是不正确的，是犯了主观臆断的错误。

▶ 纠正认知，并采取积极的行动

在现实生活中，因为自动思考而产生的认知歪曲有很多种，除了主观臆断造成的认知偏差外，还有非黑即白判断、灾难化思维、夸大化思考、以己度人等。比如"非黑即白判断"就是认为一个问题只有两种答案——是与否、对与错、黑与白，这种判断法会限制我们认知的视角；"灾难化思维"是动不动就对未来进行消极预测，感觉自己的行动只会带来灾难性的后果，它会让我们被悲观的情绪主宰而无力开展行动；"夸大化思考"就是在评价自己或他人时不合理地夸大某一个侧面，像本节案例中的薛菁就因为一个偶然的错误对自己做出了"太笨"的评价，这就是一种夸大化思考；还有"以己度人"，就是把自己的意愿强加在他人身上，觉得他人这么说或这么做肯定是自己认为的这个原因……

对于上述这些自动思考造成的认知偏差，我们应当有充分的认识。当脑海中出现这些不好的念头时，我们不能接受它们的摆布，盲目行动，而是要提醒自己立即进行积极、主动的思考，这样大脑才能在理性的控制下产生更加客观的结论。我们可以将两种或多种结论相互比较，逐渐建立起正确的认知。

比如，在面对一项艰巨的任务时，自动思考会告诉我们"这件事太难办了，还是算了吧"，而另一种思维会告诉我们"如果从现在开始我认真行动，就有可能完成任务，而且我可以从中得到很多收获"。将这两种结论进行对比，我们就会很自然地知道按照哪种思维行动才是对自己更有利的。长期进行这样的思考和对比，也会一点点减少我们的认知偏差，使我们能够逐渐跳出"自动思考"的陷阱。

在思考时，先要搭建框架

为了避免让自己深陷"无用思考"或"自动思考"的陷阱，我们要学会搭建思维的框架，让思维可以沿着正确的路径行进，这样有助于得出更加客观、准确的结论，可以更好地指导我们的行动。

在现实生活中，我们一定会注意到那些执行力高效的人士，他们在遇到难题的时候，仿佛总能找到恰当的行动方案，使工作高效展开，最终取得的成绩也颇为可观。这些高效人士之所以能够做到这一点，是因为他们在认识问题时善于使用"思维框架"，这会让他们跳出各种自动思维或是无用思维，并能够从纷繁复杂的现象中找到有价值的规律；他们还可以从多个侧面进行思考，从而分析出问题出现的原因，并制定出可行的方案。

与这些高效能人士相比，那些执行力不佳的人还不具备搭建思维框架的能力，对问题的认识达不到全面化、系统化的要求，也就很难形成清晰的思路和具体的方法。

在下面这个案例中，我们可以看一看有无思维框架所造成的显著差别。

某网购平台举行了一次大型促销活动，在活动结束后，运营部总监让两位下属A和B分别做一份总结报告。

A和B为了做好报告，都下足了力气，查阅了很多资料，对数据的掌握也很是翔实。不同之处是A在写报告的时候通篇没有条理，只采用了简单罗列数据的办法，一开头就这样写道："我们这次活动是比较成功的，下单转化率达到了50%，分享率达到了10%……"总监拿着这份充满了各种数据信息的报告看了一会儿，觉得头晕脑胀，不知道A到底想要表达什么。

B在动手写报告时采用了搭建思维框架的办法。他从复杂的数据中总结出了自己想要阐述的主题、列出了大致的提纲，然后使用了这样的开头："我们这次活动对成交量的促进有较大帮助，但是用户分享的欲望没有预期那么强烈……"总监看到这句话后眼前一亮，对接下来的内容充满了浓厚的兴趣。

在报告正文中，B将自己收集到的信息分组归纳、"填充"到了准备好的大纲中。他这样写道："我从几个角度分析了一下用户分享方面存在的问题：第一，产品本身缺乏优势，难以激发用户分享的欲望，具体情况如下……第二，分享鼓励政策缺乏应有的力度，无法对用户产生激励作用，具体情况如下……"

总监读完了 B 的报告后连连点头，对 B 进行了一番真诚的夸奖，并将 B 提出的一些问题反映给了其他部门，供大家讨论和研究。至于 A，总监说他办事缺乏条理……

A 和 B 在执行时的鲜明对比可以让我们认识到思维框架的重要作用，也许两位职场人对于工作的热情相差无几，但不同的思维方式决定了他们执行力的高低，也使两人的工作质量大相径庭。

由此可见，思维框架对于我们解决问题、提升执行力是非常重要的。不会搭建思维框架、理不清事情的条理、找不到有效解决问题的方案，这些都会妨碍我们向更高的层次发展，会让我们难以达到卓越的程度。因此，我们很有必要改进自己的思维，要注重培养自己系统思维、全局思维的习惯，让自己的执行力不断攀升。

在这方面，还有这样一个有趣的例子，可以给我们带来不少启发。

在一家公司里，有两位员工甲和乙，他们的入职时间差不多，可是在一年之后，甲获得了升职，乙还在原地踏步。对于这种情况，乙觉得很不服气，于是他去找上级领导理论。领导耐心地听他抱怨了半天，对他笑了笑说："我们来做一件事，看看你和甲到底有哪些差别。"

在领导的安排下，乙来到一家与公司有合作关系的超市开始调研市场。他看到货架上摆着的主推产品正是自己的公司生产的，便高高兴兴地回去找领导汇报。领导显然已经预料到会是这样的结果，并未置评，只是让他继续去调研，了解一下销售和库存情况。乙这时才如梦方醒，他拍了下自己的脑门，郁闷地说："我刚才怎么没想到呢，现在又得跑一趟了。"

等乙带着销售数据和库存数据回到公司后，领导说了一句"辛苦了"，又接着问他有没有顺便了解一下竞争对手的产品情况。乙不好意思地摇头，然后赶紧对领导说："我这就回去问问。"

这一次，领导拦住了他，让他看看甲是怎么做调研工作的。甲只去了一趟超市，就带回了领导所需的全部数据，领导问他为什么能想到这么做，甲很自然地说："我在行动之前会搭建思维框架，还会画成思维导图，这样我就会清楚地知道自己该去做什么，以及该怎么做了。"

听完了甲的解释后，乙哑口无言，同时也觉得非常惭愧。他主动向领导和甲道了歉，还表示自己之后会向甲好好学习，不会再犯同样的错误了。

在这个案例中，能不能搭建好思维框架，让两个员工表现出了极大的差别，也再一次提醒我们，用框架来帮助自己清楚地思考问题、干脆地执行任务是行之有效的。事实上，思维框架的搭建看似困难，但若是掌握了方法，在思考时就会越来越熟练、越来越容易。对于刚开始研究思维框架的人来说，不妨参考下面的方法进行练习。

▶ 空雨伞框架

空雨伞是一种非常简单易行的搭建思维框架的方法，它诞生于全球著名管理咨询公司麦肯锡，在这家公司里，几乎所有的咨询顾问都会使用空雨伞框架来思考问题。"空雨伞"中的"空"指的是对现在面临情况的判断和把握，而"雨"则是对现在情况的解释，"伞"就是根据"雨"的解释而准备采取的行动。"空雨伞"最简单的例子就是"第一步：掌握情况——出门看天空，发现乌云密布；第二步，得出结论——好像要下雨；第三步，决定行动——应该带雨伞出门"。

这种三步走的思维框架清晰、简洁、流畅，可以帮助我们理清思绪，并能够以较快的速度绘出头脑中的思维路径。

▶ 5W1H 框架

"5W1H"是五个英文单词的首字母，这五个单词分别是 Who（谁）、Where（在哪儿）、Why（为什么）、When（什么时候）、What（什么事）和 How（如何进行），它们也是我们在思考时应当关注的几大要素。

无论是在工作、学习还是生活中，我们遇到问题都可以按照 5W1H 的顺序来搭建思考的框架。这样可以使我们考虑问题更加全面，不会遗漏关键性的信息，还能提升我们行动的效率。比如，我们可以先确认自己工作的内容，给"What"找到答案；接下来我们列出完成工作需要的时长和截止日期，给"When"找到答案；之后我们列出有哪些人可以为我们提供帮助，给"Who"找到答案；再次，我们要举出完成工作的地点，如是否需要跑现场、是否要到合作方所在的公司去谈判等，这样就能给"Where"找到答案；我们还要想清楚这项工作的意义，看看它能够给我们个人和团队、公司带来什么样的收益，这样就能够回答"Why"的问题。最后，我们可以找到高效做成这项工作的方法，也就是回答"How"的问题。总之，在搭建了5W1H的框架之后，我们就可以清楚地知道自己该从何处入手开展工作了。

▶ 矩阵图分析框架

如果感觉抽象思维比较困难，也可以采用更加形象的矩阵图分析框架来帮助思考。在具体思考的时候可以在一张白纸上划出横纵坐标系，然后在思考的问题中，找出成对的要素，排列在这个矩阵图中，再用矩阵图来分析问题。

就拿大家都很熟悉的波士顿矩阵来说，它就是把业务的市场成长率和相对市场份额作为横纵坐标，然后将所有产品在矩阵图上分为四类，分别是明星类业务、问题类业务、金牛类业务、瘦狗类业务。通过矩阵图，我们就可以对不同的业务采取不同的发展策略，比如对无利可图的瘦狗类业务应当进行淘汰，对强大稳定的金牛业务要继续维持，对有发展前途的问题业务和明星业务可以考虑追加投资，以扩大市场份额。

同样，时间管理矩阵也是很常用的矩阵图分析框架，我们可以把自己要办理的事务按照紧迫性和重要性分成四类，排列在矩阵图中。然后优先处理那些又重要又紧急的事务，再处理次重要和次紧急的事情，最后处理那些不重要也不紧急的事情。建立了矩阵图分析框架后，我们在处理这类问题时就可以做到一目了然、清清楚楚。

▶ PDCA 框架

PDCA 框架就是按照 Plan（计划）、Do（执行）、Check（检查、总结）、Action（处理、改善）的步骤来进行思考，它也叫 PDCA 循环，因为这个过程是可以循环进行的，不是运行一次就算结束。

比如我们遇到一个问题之后，经过思考确定出行动的方针和目标，然后进行具体的行动，之后根据行动的结果来找出问题、总结经验：对于成功的经验要给以肯定，并予以标准化；对于失败的教训也要引起重视，并进行深刻反思。以上算是完成了一次 PDCA 步骤，之后我们可以把处理改善后的成果应用到下一次 PDCA 中。通过一次次的循环，我们的思维就会越来越成熟，执行力也会得到不断提升。

▶ 六顶思考帽框架

六顶思考帽是英国学者爱德华·德·波诺博士开发的思维训练模式，也是一种能够提升全面思考问题能力的思维框架。这种模式用六顶颜色不同的帽子来比喻不同的思维功能，比如，白帽子代表处理信息的思维功能，它的要求是中立、客观；黄帽子代表识别事物的思维功能，它的要求是乐观、积极；黑帽子代表批判性的思维功能，它的要求是谨慎；红帽子代表形成观点和感觉的思维功能，它的要求是富有情感；绿帽子代表解决问题、形成思路的思维功能，它的要求是表现出创造力；蓝帽子代表管理整个思维进程的功能，它的要求是理性。

六顶思考帽非常适合团队在搭建思考框架时使用，它能够让团队成员依次对问题的不同侧面进行充分的考虑，最终在短时间内得到全方位的思考答案，而且其中会有不少创新性想法和解决问题的方案。

上述这些思维框架我们可以直接拿来进行运用，也可以根据自己面临的实际情况在原有的框架基础上进行改进。通过反复运用思维框架，我们的思维就会不断升级，就能够更好地分析问题、理清各种关键要素之间的逻辑关系，也能够为后顺利解决问题、付诸行动奠定良好的基础。

学会过滤信息

在搭建好思维的框架后，我们还需要收集和填充大量的信息。现在是信息爆炸的时代，随着网络技术的发展，我们能够获得信息的渠道越来越多。可是在众多的信息中，也有很多信息并不利于我们提升自身能力。它们或是脱离了社会发展的实际，观点狭隘过时，会妨碍我们做出准确的决策；或是琐碎重复、冗长无效，让我们在获取信息的同时也浪费了很多时间；此外，还有一些品位低俗的信息，常常以博取眼球为主要目的，更是会让我们的思想变得混沌。

对于这些没有价值的信息，我们要学会辨别、筛选和过滤，否则，太多的垃圾信息塞满了我们的头脑，就会干扰我们的思维和记忆，不但对解决问题毫无帮助，还会影响事态的发展。

姜瑶是一名年轻的白领，最近几年来，她一直想去国外旅游。因为以前从来没有尝试过出境游，姜瑶觉得茫然无措。不过她知道网络上有很多相关的信息，就决定先查查资料。

姜瑶最初将自己旅游的目的地定为泰国，因为她听说泰国旅游费用比较便宜，服务也比较到位。可是当她在搜索引擎中输入问题"去泰国旅游要注意什么"之后，立刻跳出来一大堆五花八门的信息：有的说跟团游更安全，有的说自助游更方便；有的说要多准备一些零钱方便享受街边的特色美食，但也有人说随意就餐会有很多卫生问题；还有人说在某珠宝中心可以购买到价廉物美的奢侈品，但也有很多帖子说这种购物中心宰客的问题非常严重……

姜瑶不停地研究信息，结果越研究越迷糊，也不知道到底该相信哪些信息。每天查找、对比、记录这些信息，用去了她很多的时间，更让她迟迟不能下定决心。本来她打算利用劳动节小长假出去游玩的，结果一个旅游公众号上的文章显示5月泰国的气温很高，旅游的时候会感觉身体不适，所以最好选择11月以后出行，因为这时是泰国的"凉季"，气温较低，人体感觉比较舒服。看到这些信息后，姜瑶再一次按捺住了订票的冲动，决定等到11月以后再考虑旅游。

就这样，姜瑶错过了劳动节、国庆节黄金周的宝贵假期，到了年底，工作任务越发繁重，她更抽不出时间去旅游了。姜瑶看着朋友圈里一些好友分享的旅游照片，羡慕得不得了，可她自己的旅行仍然遥遥无期。

姜瑶迟迟无法展开行动，是因为她不知道该如何处理庞杂的信息，让自己陷入了"信息过载"的痛苦境地。类似这种情况我们在工作和生活中也会经常遇到：当我们想要解决某个问题的时候，大脑会从外界自主收集各种信息，再从中挑选自己感兴趣的东西。这些信息的数量和质量会影响我们的思维，也会对执行力产生各种影响。

如果我们能够得到少量、精确的信息，思维就可以高速运转，更快找出最佳行动方案，减少很多犹豫的时间，而且行动的效果往往也会比较理想；相反，如果得到了太多的信息，其中还有很多真伪也无法验证的信息，那就会让我们陷入"选择困难症"，不但很难及时做出决定，还会白白耗费很多精力和时间。

为了避免"信息过载"带来的执行力低下问题，我们应当学会筛选和过滤信息，将没有价值的信息统统抛弃，只留下有参考性的信息。为此，我们可以从以下几点做起。

▶ 减少重复信息

为了避免让自己陷入无用的信息海洋，我们首先要精心选择适合自己的信息源，数量不要太多，每种类型有 2~3 个就足够了。现在有不少人喜欢在手机上安装各种各样的 APP，订阅几十个公众号、关注几百个微博博主，这些信息源每天把洪水一样的信息推送到我们的眼前，可是其中有很多信息在内容和观点上是重复的，这样就会让我们浪费很多的时间和精力去阅读这些信息。有时候同样的一条新闻被不同的媒体推送，我们就要被迫重复接受类似的信息几遍甚至几十遍，这对于形成清晰的思维来说毫无帮助。所以，我们应当删除重复的信息源，让自己的思维不要被多余的信息占满。

比如新闻客户端我们可以从网易网、搜狐网、新浪网、凤凰网等中选择一两个，社区交流类我们可以从豆瓣、知乎、微博、天涯等中选择一两个，另外还可以保留一些垂直行业的 APP，让自己既能够获取足够的信息，又不至于被信息的海洋所淹没。

▶ 评估信息质量的好坏

为了过滤出有价值的信息，我们还要学会评估信息的质量。有益的信息应该能够让人阅读后有所收获，要么丰富了自己的知识库，要么启发了自己的思维，总之，它应该是能给我们带来不少价值的。至于那些无效的信息则正相反，不能为我们提供价值不说，还会浪费我们的时间、扭曲我们的观念，比如一些一味追求流量的营销号不惜编造不实信息，或是炮制一些没有营养的鸡汤文字，如果看多了这样的信息，就很容易让自己走入思维的误区。

因此，我们要果断地抛弃这些制造无营养信息的信息源，争取从可靠的、值得信赖的信息源处获得有益的信息。一些高质量、有深度内容的信息源提供的信息，或者有相关资格的专业机构提供的论文等，都可以成为我们甄别信息质量的参考指标，我们可以以此为标准筛选出有价值的信息，再用以指导自己的行动，使执行力得到不断提升。

▶ 学会高效、主动搜索

如果我们需要寻找参考信息，就应当学会一些主动搜索信息的好方法，这会比接受被动推送更容易获得有价值的信息。不过，有不少人还没有掌握高效搜索的技巧，所以常常花了不少时间，却找不到自己真正想要的信息。

我们应当多了解一些搜索引擎的使用知识，而且不要只拘泥于使用某一种搜索引擎，还可以使用一些更加垂直化的搜索引擎，如"商用搜索""极客搜索""学术搜索""磁力搜索"等，它们可以满足我们更加专业的需求。

另外，我们还可以掌握一些搜索的小技巧。比如：无法具体描述自己的问题时，就可以用星号来代替忘记的字；而在网址前加上"site："就能限定只搜索某个网站的页面，非常方便；还有，如果想要在搜索结果中排除某些结果的话可以用"-"功能，像"历史文学 - 穿越"就是要搜寻与"历史文学"有关，但不包含"穿越"的信息。学会了这些信息搜索的技巧后，就能让我们以更快的速度得到更加精准的结果、更好地用搜索到的信息指导行动了。

除了以上几点外，我们还要养成不盲目追热门的好习惯。现在很多人是依靠网络渠道来获得信息的，网络上有很多流行、热门的话题，也受到了人们的追捧，不过这其中有一些往往是人为制造的话题，其目的大多是为了博取大众关注进而谋取商业利益。如果我们投注太多的精力在这类信息上，就很可能会受到误导，也会让自己丧失独立的思维。

因此，我们在获取信息的时候，切忌跟风、从众，不要让那些所谓的热门话题、流行信息占据了自己的心灵，以致把自己搞得昏昏沉沉，渐渐失去思辨的能力。对于各种各样的信息，我们要学会看穿表象、深入本质，这样就不会被没有价值的信息牵着鼻子走，也能形成自己成熟的思维和独特的观点，这对我们正确解决问题并不断提升执行力也是非常必要的。

简化，是清晰思考的前提

在提出方案、准备行动的时候，有很多人常常会遇到这样的困难：他们把问题想得过于复杂，总觉得自己要处理的问题可能牵涉到方方面面的信息，结果反而让自己有掣肘之感，不知道该从哪里入手。这是由于对问题过于复杂的思考使他们忽略了行动本身，让他们一直原地徘徊。在这种时候，他们最需要做的工作就是简化思维、让自己从问题和信息的海洋中挣扎出来、将注意力集中于问题本身，这样才能尽快找到直接的行动方案。

在一所大学里，教授在课堂上进行了这样一个有趣的实验：他拿出了一个模样不规则的容器，让学生们试着测量一下这个容器的容积。学生们都开始想办法，有的对着容器画起了草图，有的拿着尺子反复测量，有的赶紧翻书寻找适合的公式，还有几个学生因为谁也不能说服谁，陷入了争论，吵得不可开交。

教授等了一会儿，见学生们都没有想出好办法，失望地摇了摇头。他敲了敲讲桌，让大家静下来，然后他对大家说："你们把简单的问题想得太复杂了。"学生们都露出了不解的表情，于是教授拿出了一瓶矿泉水，慢慢倒进这个容器。等到容器装满水后，再把水倒进一个带刻度的量杯里。这下学生们恍然大悟，原来看量杯的刻度，就能知道容器的容积是多少。解决这个问题的方法竟是这么简单，可是他们从一开始就想得过于复杂，以致忽略了这个测量容积的好办法。

这个故事就说明了简化思维的重要性：对于同样的一件事，如果我们从一开始就想得太复杂，把注意力都集中到一些价值不大的信息和方案上，就会离问题的本质越来越远。相反，如果我们能够保持清醒的头脑，采用化繁为简、简化思维的方法来看待问题，就有可能找到快捷有效的方案，执行力也会因此获得提升。

那么，我们该怎样做才能找到简化思维的路径呢？

▶ 聚焦于核心问题

简化思维要求我们避开纷繁复杂的因素的干扰，直接将注意力集中到核心问题而不是枝节问题上，然后从结果或目标进行反向思考，这样就能够达到化繁为简的目的。

一家化妆品公司在分装香皂的时候，生产线经常会出现纰漏，导致有的包装盒没有装入香皂便流出了生产线，客户接收到这种空盒后，自然会向公司投诉。为了解决这个问题，该公司派出了多名技术人员对生产线进行改进，大家轮番作业，调整了各种零件，可是效果都不理想。最后，一位聪明的设计师用简化思维直击问题本身——只要清除掉空盒就好。他想到没装香皂的空盒重量很轻，可以被大风吹走，于是就在生产线的最后环节上安装了一台马力适当的大功率电扇，不停地吹风，把所有空盒都从生产线上吹走，于是问题就这样圆满解决了。这就是简化思维产生的神奇的效果。

▶ 敢于打破常规

有很多时候我们把问题想得过于复杂，是因为我们所受的教育和在生活中养成的习惯让我们陷入了一种思维的定式，总觉得问题不会这么简单，所以就倾向进行复杂的思考，结果越来越难踏出行动的第一步。想要改变这种状况，需要我们有一种打破常规的勇气，要敢于独辟蹊径，这样反而会获得很多奇妙的效果。

一家公司在面试时向求职者出了一道这样的题目："有两只美丽的蝴蝶在天空飞舞，你用什么办法能够将它们一起抓住？"当时很多求职者都被这道题目难住了，他们想了很多复杂的方法，有的说可以用更大的捕虫网来捕捉蝴蝶，有的说用花香吸引蝴蝶后再一起捕捉，还有的说要用杀虫剂直接将蝴蝶毒死后捕捉，千奇百怪的答案让面试官听得直皱眉头。只有一位求职者的回答让面试官感到满意，那就是——拍照！这位求职者跳出了"抓蝴蝶＝捕捉蝴蝶"的思维定式，而是独辟蹊径，想到了用拍照的方法永远地"抓"住蝴蝶的美好。如此巧妙的简化思维，自然能够独得面试官的青睐。

▶ 去掉繁枝冗节

想要简化思维，"奥卡姆剃刀定律"不得不学。这条定律是由逻辑学家奥卡姆提出的，他主张凡事应当"简单有效"，要把一切无用的累赘全部"剃掉"。将这条定律应用到解决问题上，那就是要选择简单、有效的方法，剃掉那些烦琐的、累赘的方法。

以一个简单的问题为例："如何将一枚鸡蛋在桌面上竖起来？"最初航海家哥伦布提出这个问题的时候，也难住了很多人，大家想出了很多办法，可是哥伦布拿出的办法是最简单的。那就是把鸡蛋的一头轻轻敲破，只要敲碎一点儿蛋壳，鸡蛋就能稳稳地直立在桌面上了。像这种解决问题的方法就十分符合"化繁为简"的精髓，可以让我们的行动更加高效，也更容易获得理想的结果。

需要指出的是，"简化思维"并不等同于"简单思维"，后者是一种不动脑筋，只图省力和方便的思维方法，它无法产生高效的行动方案。而简化思维则完全不同，它可以让我们从思维的迷途中获得解脱，可以帮助我们提高效率，更好地指导我们的行动。学会简化思维，将让我们在高效的行动中体会到更多的人生真谛。

02

第二章

追逐梦想，使行动充满动力

你所谓的"稳定"，不过是在浪费生命

在生活中，有很多人追求"稳定"，并努力使自己处于"稳定"的状态：从事一份没有压力的工作、拿一份不高不低的工资、在一个没有竞争的环境中生活，一切都是那么平和安逸。可是你是否有在内心深处问过自己："我的一辈子就要这样稳定而平凡地度过吗？这真的是我想要的生活吗？我的梦想到哪里去了？"

稳定的状态看似十分舒适，却很容易发展成为一种自我停滞。甘于稳定的人渐渐忘却了梦想，不再有激情、执行力不断减弱，最终成为浪费生命的人。要想改变这种停滞的状态，就要勇敢地打破"稳定"，奋发进取，才有可能书写不一样的人生。

小庄是一名文学爱好者，他平时喜欢写一些散文、札记，朋友都说他文笔不错，建议他尝试专业创作。小庄其实也有这样的梦想，想要成为一名作家。但是他缺乏开始的勇气，很担心自己的投稿会被拒绝。于是他对朋友说："算了吧，我觉得现在这样挺好，何必那么累呢？"

说这句话的时候，小庄正做着一份自己并不喜欢的工作，每天朝九晚五地打卡上班，看上去很"稳定"。但是，小庄的心里慢慢少了很多激情。

一天，小庄在看杂志的时候，无意中看到了这样一句话："你所谓的'稳定'，不过是在浪费生命"。这一刻，小庄仿佛一下子被惊醒了，他对自己说："是啊，这并不是我想要的生活，我应当去追逐自己的梦想。"

第二天，小庄鼓起勇气找到了自己喜爱的一家刊物的联系方式，发出了一封邮件，里面附上了他自己认为写得不错的几篇稿子。

邮件发出后，小庄怀着忐忑的心情，开始等待回音。一连几天，他都没有收到编辑的回复，心里不免有些失望。但没想到就在他准备放弃的时候，突然接到了编辑打来的电话，说非常欣赏他的写作才华，还给了他一个选题，让他写一个提纲。小庄喜出望外，赶紧按照编辑的要求写好了提纲。编辑对他的想法给予了肯定，并指导他完成了第一篇稿件的创作。

没过多久，小庄就拿到了自己的第一笔稿费，这让他对从事写作充满了信心。此后，小庄的创作激情一发不可收拾，为了专心写作，他索性辞去了工作，一门心思地写作，并不断有作品在各种刊物上刊发。

几年后，小庄成了颇有名气的专栏作家，朋友提到他时都连竖大拇指，而他则感慨地说："幸好我当时没有受困于'稳定'的境遇，才会有今天这样的成就。"

的确，稳定的境遇虽然会让人觉得更加安全，可也会在不知不觉中让我们的斗志逐渐消磨，使我们更加安于现状、不思进取。这种状态其实是非常危险的，因为人生如逆水行舟，不进则退，如果我们只满足于眼前的"一亩三分地"，就很难再有所建树。也许我们本身具备很多能力，拥有很多才华，可是随着时间的流逝，总是不去行动，才华和能力得不到施展，我们也会变得越来越平庸。这种情况就好像是"温水煮青蛙"——最终会让我们在享受稳定的同时失去很多机遇。

相反，如果我们能够像故事中的小庄这样，敢于抛弃看似"稳定"却缺乏动力的生活，勇敢地追逐属于自己的梦想，那么前路虽然充满变数，可也会带来很多拼搏的激情，让我们的每一天都过得分外精彩。

那么，我们应该如何打破稳定、重新寻获生命的内动力呢？

▶ 要有危机意识

危机意识就是身处平安、优越的环境中，也不能完全高枕无忧，要想到最坏的可能，正所谓"居安思危"。这样才能让自己时刻保持警觉、清醒的状态，积极行动，做到防患于未然。

拿身在职场的人来说，有不少人没有危机意识，总觉得自己能够胜任眼前的工作就好，得过且过地混日子，还觉得自己的状态非常惬意。可实际上，任何一份工作都不会专属于哪一个人，每天都会有很多更优秀的新人想要获得这个机会，如果我们不行动起来，努力去提升自己、充实自己，那么被人超越、被人取代就是迟早的事情。所以我们得多一些危机意识，尽早行动、做好准备，给自己增加一些抵抗危机的"资本"，这样才能积极应对各种突如其来的变化，不至于让自己陷入被动的境地。

▶ 要时刻关注趋势

安于稳定的人有很多只关注自己的生活圈和工作圈，能够接触到的人、事、物都是非常有限的。这常常让他们对自己的能力做出错误的判断，以为自己已经足够出色、足够优秀，所以不需要额外的行动来提升自我，但这其实是一种"坐井观天"的狭隘心态，会让自己在"稳定"中失去更好的机遇。

要想在更多的领域有所成就，我们就应当摒弃这种狭隘的心态，要注意保持开放的心态，多关注新趋势和行业动向，让自己的眼界更加开阔、思维更加敏锐；之后，我们还要多多学习别人的先进做法，让自己能够在行动中不断获得进步。这种看似不安稳的状态，能让我们走在时代的前列，不会有落伍、过时的危险。

▶ 要敢于变换环境

如果我们身处的环境并不适合施展自己的才华和抱负，或者整个氛围就像一潭死水，让人无法获得发展的动力，我们就要勇敢地"跳出去"，而不要把时间浪费在无休无止的抱怨中。

很多人都喜欢发牢骚——他们不满意自己的职业和收入，不欣赏同事的态度和公司的理念，却没有勇气离开现有的环境，所以只会让自己陷入无休止的抱怨中，执行力变得越来越低下。而那些成功人士的做法却正相反，他们会寻找一个更加适合自己成长的新环境，让它成为自己吸收能量、提升执行力的沃土。

很多杰出的企业家在最初走上创业之路的时候，也都曾经历过这样的选择，他们勇敢地跳出了过去安逸稳定的环境，在商海中找到了充分发挥能力的机会，最终取得了成功。我们其实也可以像他们一样勇于立即行动，通过改变环境找到适合自己的道路。

用梦想助力行动

梦想是我们对未来的美好期望，它虽然不像清晰的目标那样有触手可及的感觉，却能够让我们在回味时获得一种幸福的感觉。当生活中出现的阻碍使我们渐渐迷失方向的时候，心怀梦想，能让我们拥有坚持行动的勇气。

日本有一位107岁高龄的老奶奶柴内丰，她出生于1911年。年轻的时候，柴内丰就爱上了诗歌，她不停地阅读大量诗歌作品，心中也拥有了一个美好的梦想——成为一名诗人。

由于家庭条件的限制，她一直没能专心创作。但是这个梦想已经深深植根在她的脑海中，一刻都不曾忘怀，每当遇到不顺心的事情，她就会用目标来鼓励自己，对自己说："加油啊，我还没有成为大诗人呢。"靠着这样的想法，她战胜了很多困难，还把自己的孩子培育成才。

在孩子已经成年后，柴内丰也开始了正式的创作。这一写就再也没有停歇过，每次看到自己的诗歌在报刊上发表的时候，她都会高兴得又唱又跳，然后她会微笑着鼓励自己："加油啊，我离大诗人又近了一步。"这种想法给了她继续写诗的动力，让她每年都有好作品问世。

2009年，柴内丰奶奶已经98岁了。这时的她已经是一位比较知名的诗人了，出版社将她的部分诗歌结集出版，在社会上引起了轰动，当年销量就超过了150万册，还进入了2010年日本畅销书榜单的前十名。在这本名叫《别灰心》的诗歌选集中，每个人都能感受到柴内丰为了追求梦想永不停歇的勇气和力量。

2011年，柴内丰奶奶的第二本诗集《百岁》正式出版，又掀起了一次销售狂潮。很多人第一次读到这些诗歌时，都不敢相信这些充满热情和希望的文字竟然出自一位百岁高龄的老人之手，而柴内丰奶奶也并没有因为获得了很多赞誉就停止追逐梦想的脚步，她仍然在快乐地写诗，让自己的生活更加精彩。

人生不能没有梦想，柴内丰老人用自己毕生追逐梦想的故事向我们证明了这一点。梦想是为我们指路的灯塔，有了它我们才能顺利达到遥远的彼岸；梦想是深藏在我们内心深处的强烈的渴望，是驱使我们展开行动并能够获得成功的原动力。

每个人都有自己的梦想，只不过随着年龄的增长、阅历的加深，我们对于梦想的期盼可能没有以前那么强烈了；在屡屡遭受失败和挫折之后，我们有可能不小心遗失了梦想；还有一些人，因为梦想与事态发展发生了一些冲突，就开始怀疑自己的梦想，还试图用新的梦想来取代旧的梦想，可是在行动的过程中，又发现新的梦想也有不符合实际的地方，于是坚持的时间越来越短，最终没有一个梦想能够实现，而自己也变得更加颓废、迷茫。

有这样一位学生田宇，他所学的专业是法律，和其他同学一样，他一直梦想着能够成为一名大律师。

可是想要成为律师，必须通过司法考试，之后还要到律师事务所工作一年，才能取得律师资格，成为真正的律师。最初，田宇信心满满地报名参加了司法考试，结果由于准备不足，考试成绩很不理想。田宇惨败而归，他的心情十分沮丧。家人鼓励他不要放弃梦想，劝他先找个律师事务所边实习边准备考试。

田宇接受了家人的建议，可是第一次考试受挫给他造成了强大的精神压力，他工作的时候总是提不起精神来，再加上事务所的工作繁忙，田宇有点跟不上节奏，常常出现纰漏，上级批评了他几次。这更是让他对自己产生了怀疑，觉得自己可能并不具备成为律师的天分。

恰好在这个时候，有个同学所在的公司想要招聘一名人事专员，开出的薪资也比较诱人。田宇犹豫了一番后，决定换个环境试试。到了新的公司后，田宇感觉工作压力小了很多，自己应对起来也更加轻松了。他开始了新的工作，却没有意识到这里宽松的环境让他少了很多斗志，对于复习备考也渐渐失去了兴趣。

很快，第二年的司法考试到来。可是这一次，田宇一点信心也没有，因为他根本就没有踏踏实实地复习，他很害怕会再次遭遇失败，索性都没报名。

几年后，田宇的一些同学已经如愿以偿成了律师，其中一些人还颇有知名度，而田宇还在那家公司做着同样的差事。有时想到自己的"律师梦"，他也会唏嘘不已，会不停地问自己：我把梦想丢到哪里去了？

田宇的故事令人叹息，而这样任自己梦想遗失的人又何止田宇一个？想要改变这些糟糕的现状，就要明确自己的梦想，而这需要客观地评价自身的能力和具备的条件，并且要有决心，不能凭一时的心血来潮随意地炮制一个所谓的梦想，更不能因为遭遇一时的挫败就自我怀疑，甚至丢弃梦想。

因此，我们应当尽早唤醒自我认知，不要让自己迷失在没有目标的状态中。我们要更加客观、全面地认识自我，确定自己究竟想要什么，并从以下几点入手。

▶ 发现自己独特的优势

要找回梦想，我们首先应当客观地认识自己。为此，我们可以从实际工作、学习、生活的情况出发，从各个方面对自己做出评价。这样，我们就可以发现自己真正的优势所在，并可以根据优势明确梦想，在行动时发挥所长，梦想也就更容易实现。

假如我们的优势体现在认知能力上，比如学习新知识特别快、理解和分析问题的能力都很出众，那我们的梦想也应当与这些优势有关，比如想成为学者、教育工作者等，这样的梦想符合我们的优势，也有较大的实现的可能。再如，你的社交能力较强，善于与人沟通、很擅长说服他人，那你的梦想可以与销售、谈判、管理等工作中凸显社交能力的职业有关。当然，在明确了优势之后，我们还要善于应用，这样才能把优势变成可见的成果。

▶ 找到自己的兴趣点所在

除了从优势着手外，我们还可以从兴趣点着手来明确梦想，因为兴趣能够为行动提供动力。做一件自己感兴趣的事情，往往更能够集中注意力，并可以发挥出自己全部的热情，所以更容易取得成功。

因此，我们要努力找到自己的兴趣点，这可以通过问自己一些问题来确定，比如"我渴望重复多次做这件事吗？""我能不能带着愉快的心情完成这件事？""在过去我一直向往着做这件事吗？""完成这件事之后，我是不是感到特别满足？"如果这些问题的答案都是"是"，那就证明它确实是我们的兴趣点，我们就可以把它作为梦想的出发点。

我们可以将兴趣点与优势相结合来定位梦想，这样得到的结果会更加适合自己。比如我们有一定的数学天赋，又对编程很有兴趣，那就可以把两者结合，把"成为一名数学软件开发工程师"作为自己的梦想，这会让我们在行动中表现出强大的热情和动力。

▶ 明确并回避自己的弱势

在进行自我评价时，我们还要注意明确并回避自己的弱势。因为弱势是我们能力的薄弱环节，而追逐梦想的过程是需要"扬长避短"的，如果做不到"扬长避短"，就很难发挥出积极性，而且在追逐梦想的过程中也容易遭遇挫败，很难坚持到底。

在现实中，有很多人喜欢用挑剔的目光去观察他人，总能发现别人的缺点和弱势，但对于自己的问题，却很少有人能够反思和认识透彻，所以我们要多从客观的角度来认识自身存在的问题。如果找到了自己的弱势，就可以更好地进行自我管理，在自己不擅长的事情上适可而止，把精力多用在自己的优势和兴趣点上，这样，我们的行动就会更加高效。

在通过自我评价明确梦想的过程中，我们还可以着重了解一些与自己有着类似的成长、生活经历的成功人士，看看他们是怎么做的，并勇敢进行类似的尝试。如果有一天我们发现自己在某个领域有得心应手的感觉，并且还有大量的可提升的空间，那就说明我们找对了方向。

不要让别人的意志影响你

在明确梦想的时候，我们要特别注意不要受到他人意志的影响。很多人会在他人的压力下轻易放弃自己的梦想，他们不知道什么才是自己真正想要的，而这会造成悲剧性的后果。

对于在他人的建议或压力下确定的所谓梦想，在日后付诸行动的时候，我们常常很难拿出全部的热情和积极性，所以能够取得的成果也比较有限。更糟糕的是，在行动的过程中一遇到困难或不如意，自己就很容易产生抱怨情绪，会埋怨那些给自己提建议或施加压力的人，这样做更会让自己变得态度悲观、情绪消极，离梦想的实现也会越来越远。

　　糖糖是一个漂亮可爱的女孩子，她特别喜欢街舞，上高中的时还参加了学校的街舞队。那个时候，糖糖最大的梦想就是成为一名街舞明星，到电视节目中为成千上万的观众表演。可是，糖糖的梦想被父母和亲戚嗤之以鼻，他们固守着老观念，觉得街舞"不好看""不正经"，学街舞的女孩子更是"作风有问题"。糖糖费了很多口舌试图说服他们，但都没能成功。

　　高考的时候，糖糖因为思想负担太重，没有发挥好，分数没有达到本科的录取线。她很想去上舞蹈学校，接受专业的街舞培训，可是父母却要求她复读，还帮她设计了一个人生梦想——考入医学院，做一名医生。

　　一开始，糖糖不愿意接受父母的安排，于是父母和亲戚们就轮番上阵给她做思想工作。善于讲大道理的亲戚说"医生是白衣天使，为生命护航，十分伟大"，说话坦率的亲戚说"做医生待遇好、社会地位高，还会受到病人的尊重"，还有一位上年纪的亲戚更是直截了当，"糖糖当了医生，家里人看病就更方便了"，说着说着，糖糖的内心也开始动摇了。

　　就这样，糖糖终于同意复读，与此同时，父母禁止她再去跳街舞，这让糖糖十分无奈。然而，复读比糖糖想得还要难，她本以为复读就是把过去一年学过的知识再巩固一遍，却没想到复读班里竞争十分激烈，老师又给他们制定了各种冲刺计划，让他们不停地记公式、背文言文、做海量的练习题。

在空前的压力下，糖糖从一个爱笑的女孩渐渐变成沉默寡言的姑娘，曾经那个热情、乐观的她不知道去了哪里。眼看着几次摸底考试的分数都很不理想，糖糖对自己的梦想越来越迷茫了……

糖糖在不知不觉中丢失了自己的梦想，却让别人的建议成为禁锢自己的枷锁，整天做着自己不喜欢的事情，自然无法发挥出主动性，最终的结果可想而知。这个故事也提醒了我们，对于梦想，没有人能够替我们作决定，真正的决定者还是自己。

有一个来自农村的年轻人张鲁，他梦想到大城市发展并开创自己的事业。最初听到他梦想的人，没有一个不笑话他的，可是张鲁没有自暴自弃，而是每时每刻都在寻找着机遇。

有一年，张鲁听说一家大型建筑公司正在招聘临时工，就二话不说去了。第二天，在妈妈的眼泪、爸爸的责骂中，张鲁背着行李头也不回地离开了。到了建筑工地上，张鲁表现出了与众不同的工作态度：别人都觉得薪水低，想尽办法磨洋工，张鲁却默默地积累着工作经验，还自学了很多与建筑有关的知识。不过，他的认真、好学反而让他显得很不合群，所以常常有工人会说些难听的话奚落他，就连建筑队的队长也不时嘲笑他的梦想，还让他"本分点儿"。张鲁把这些话当成耳旁风，一点都没有受到影响。

有一天，一位公司副总到工地视察。来的时候正好是午休时间，工人们吃完了饭，不是聚在一起聊天，就是在打扑克，只有张鲁坐在一个角落里，手里还拿着笔记本，一边看一边在上面写字。

副总觉得这个年轻人很有意思，就走过去看他在写什么，没想到竟然看到上面画着很多建筑设计草图，线条虽然有些幼稚，但构造、透视都是一板一眼。副总惊呆了，连忙问张鲁是在哪里学的建筑设计。张鲁说自己没有上过大学、全是靠自学的时候，副总激动地拍了拍张鲁的肩膀，夸奖他说："年轻人，你真了不起！明天一早你就到公司总部来找我，我给你安排一个更适合你发挥才能的岗位。"

就这样，张鲁在其他同事羡慕的眼光中离开了工地，到公司总部就职，成了一名实习建筑设计师。没过几年，张鲁就升到了工程师的职位，当年他给自己定下的梦想也早已实现。

与糖糖相比，张鲁在坚持梦想方面显然要坚定得多，对于自己认准的事情，无论别人怎么嘲笑，他都毫不在意，一门心思地行动、再行动，使自己的能力飞速提升，也为自己赢得了来之不易的机会。

对比这两个案例，我们可以总结出这样两条经验，它们可以帮助我们摆脱他人意志的影响，更好地坚守自己的梦想。

▶ 别忘记自己有拒绝的权力

在追逐梦想的道路上，很多人经常会为我们做出各种各样的决定，想"帮助"我们明确自己的梦想。父母、亲戚、朋友、配偶、上司等都会发表意见，他们对我们的梦想指指点点，认为我们应该向某个方向努力才是正确的选择。当然，他们大多是出于好意才会这么做，我们应当表示理解和感谢，但同时也不能忘记自己有拒绝被安排的权力。

在自己的梦想和他人的意志发生冲突的时候，我们可以理性地与他人进行沟通，有理有据地阐明自己不认同的理由。这可能会给自己带来不少压力，特别是一些性格固执的长辈尤其难以说服。但我们不能因此轻易放弃梦想，否则就要长时间忙于自己并不想做的事情。所以即使面对巨大压力，我们也要尽自己最大的努力坚持梦想，这样才不会留下太多遗憾。

▶ 不要用别人的评判标准来看待自己

人与人之间由于年龄、阅历、观念相差甚远，所以看待同一件事情会得出截然不同的结论。我们不能把他人的评判标准套在自己身上，因而怀疑、贬低自己的梦想。

比如对学习街舞这个梦想，一些观念刻板、老旧的人会用很多负面的词语来评价它，可是观念新颖、喜欢新鲜事物的人就很能认可和欣赏这种梦想。这样的例子在生活中举不胜举，因此我们不必太在意他人是怎么评价我们的梦想的，因为"燕雀安知鸿鹄之志。"

总之，我们所追逐的梦想必须是从自己的内心深处产生的，不应受到他人意志的影响。我们无须为了满足他人的期待而服从他人的安排，只有踏踏实实地追逐属于自己的梦想，才能让自己变得更加快乐、更加自信，才能够激发出最为强大的执行力，使我们在漫漫人生路上不断发掘出属于自己的成功宝藏。

梦想的实现，离不开执行力

在明确梦想之后，我们仍不能放松懈怠，因为梦想是要通过行动去实现才有意义的。离开了落地执行，再好的梦想也不会产生价值。

在现实生活中，我们常常看到不少人将各种各样的美好梦想挂在嘴边，可是真正能够让这些梦想实现的人并不多。因为很多人都觉得梦想是缥缈的、虚幻的、难以企及的，所以他们也很难切实地为了梦想去行动，但你想过吗？成功和梦想之间其实只隔着一道门，这道门的名字就是"行动"。

那些最终能够实现梦想的人，无一不是在深思熟虑后便开始了的行动，并坚持不懈，最终他们的梦想也照进了现实。而那些习惯了陶醉在美梦中原地不动的人，他们的梦想无一例外都变成了空想。

有这样两个同乡好友。甲一直梦想做一名蛋糕师，平时对这方面的知识也很感兴趣，说起各种西点美食来头头是道。他的家人觉得他有志在这方面发展，便为他在烹饪学校报了名，想让他专门学习一些做蛋糕的技术。可刚刚开始学习他就觉得基础的厨艺学习起来太苦太累，于是三天打鱼两天晒网，学了几个学期也没有掌握过硬的技术。他的家人天天为他操心，又想办法给他介绍了到酒店后厨实习的工作，他也懒得去实践。就这样，一晃四五年过去，眼看他已经30岁了，仍然一事无成，所谓的"蛋糕师"梦想也只能停留在想象中了。

另一位同乡乙的人生和甲正好相反。乙的梦想是做一名歌手，他做梦都想在舞台上潇洒高歌一曲，收获歌迷们热烈的掌声。不过由于家境贫寒，乙一直没能接受专业的培训。乙高中毕业后就开始打工，他一边艰难赚钱生活，一边利用业余时间练习唱歌、写歌。当时一些朋友、亲戚都劝说他放弃不切实际的"妄想"，老老实实地打工挣钱，可是乙没有动摇，在极度艰难的条件下开始尝试参加各种演出活动，还试着将自己创作的音乐作品上传到网络上，引起了一些网友的关注。几年后，乙在网络上已经成了小有名气的歌手，不久又与一家唱片公司签约，正式以歌手的身份出道。现在的乙正在为自己的新专辑忙碌着，在大家都称赞他"才华横溢"的时候，他淡淡地说："我只是勇敢地将梦想付诸行动罢了。"

甲和乙对待梦想的态度截然不同，因而也出现了完全相反的结果。乙带着梦想勇敢行动，一路上克服了种种艰难险阻，最终获得了成功。甲却怀揣着自己的梦想，无法割舍悠闲的生活，最终梦想只是挂在嘴边的一句话而已。

甲其实代表了大多数未能实现梦想的人，他们因为缺少执行力而只能对着虚无缥缈的"空中楼阁"感叹自己逝去的梦想。等到老态龙钟的时候，他们或许会捶胸顿足地质问自己："我当初为什么没有去打拼一番啊？！"

因为缺少强大的执行力，他们只能抱憾终生，这是多么令人惋惜的结局。他们的人生本来可以更精彩，梦想也还有实现的希望，只要他们敢于迈出行动的第一步，一切都会变得不一样的。

那么，为了达成梦想，到底该如何迈出第一步呢？

▶ 让梦想变得更加具体

我们首先应当认真思考一下自己的梦想是什么。有很多人之所以无法实现梦想，是因为他们并不清楚自己真正想要的是什么，所以他们不知道该向什么方向努力，这样梦想永远也实现不了。比如一个年轻人说自己的梦想是"出人头地，获得成功"。这个梦想就不够具体——他不知道自己应当通过努力创业积累财富，还是应当努力学习知识从而在学术界有所建树。模糊的梦想是无法引领人走向成功的。

因此，我们必须先从自己生活的领域和层次来考虑，结合自身的真实情况和客观条件，清清楚楚地找到自己的方向。比如"我希望在 5 年内成为一家咖啡店的老板"，这个梦想就比空洞的"我要成功""我要挣钱"具体得多，至少我们知道自己的汗水要挥洒在什么地方。

▶ 为实现梦想做好具体规划

仅仅明确梦想还不够，为了达成自己的梦想，我们还需要做好具体的规划这种规划指的是应该按照怎样的思路采取行动。拥有了切实可行的规划，我们才能一步一个脚印地走下去，而不会因为各种因素的干扰而轻易地放弃行动。

当然，在进行规划的时候，我们也应当注意结合实际，切勿好高骛远，做出不切实际的梦想规划。那样在之后行动的过程中，我们将很容易遇到挫折，进而会使自信心受到强烈打击，产生一种"前路茫茫"的感觉，产生消极的影响。

▶ 开始行动并进行阶段性总结

在拥有了清晰、具体、实际的规划后，我们就可以正式付诸行动了。在这个过程中，我们应当作好充足的心理准备，把可能遇到的艰难险阻都考虑到，并准备好各种应对预案。这样在行动时如果遇到暂时的困难和挫折，我们就可以从容面对，而不会手忙脚乱。

另外，行动不等于不加思考地盲目做事。我们可以将行动的全过程分为若干阶段，在每一阶段完成之后，可以稍做停留，然后总结自己在这一阶段取得的成果、学到的经验和吸取的教训，再将这些收获应用到下一阶段的行动中。

除此以外，在行动的同时我们还应当坚持不懈。每一个梦想的实现都离不开脚踏实地、坚持不懈的努力付出，就像河蚌要经受砂粒日复一日的打磨才能孕育出璀璨的珍珠，毛毛虫需要克服难以想象的痛苦才能破茧而出。我们要用坚强的恒心和强大的执行力来武装自己，才能取得成功。

别怕拦路石，要有击碎它的勇气

　　追逐梦想的道路不会是一帆风顺的，总是少不了各种各样的"拦路石"。这时，很多缺乏勇气的人会本能地从"拦路石"边绕开，让自己距离梦想更加遥远，甚至会为了逃避"拦路石"而放弃梦想。而那些成功的人则会毫不畏惧地打碎"拦路石"，让自己在追逐梦想的道路上勇往直前。

　　梦想的实现是需要勇气的，没有不怕苦、不怕累、不怕输的精神，遇到"拦路石"就躲躲闪闪，梦想永远难以实现。所以我们只有带着勇气努力前进，才能用行动点亮自己的梦想。

　　被称为现代最伟大的物理学家之一的史蒂芬·霍金可以说是一位有勇气的梦想家。早在童年时，霍金就对科学知识充满了兴趣，曾经用废弃零件做出过一台简单的电脑。少年时，他就已经将"探索宇宙、揭开宇宙的奥秘"当成了自己的梦想，并且准备用一生的时间去追寻这个梦想。

　　不幸的是，在21岁这一年，霍金遇到了此生最大的"拦路石"——肌萎缩侧索硬化症。在当时的医疗条件下，医生断言他只有两年的存活时间。这个消息像晴天霹雳一样，一度击垮了霍金的意志，他消沉了一段时间，但很快就振作了起来，并以无穷的勇气对抗疾病。两年后，他的病情并没有恶化，与此同时，他的科学研究工作也没有停滞，疾病这块"拦路石"无法阻止他实现梦想的强烈愿望。

就这样，霍金以超人的勇气继续着自己对梦想的追求，并且不断取得着重大成就。1988 年，霍金与另一位科学家一起证明了著名的奇性定理，并获得了沃尔夫物理奖。他被称为继爱因斯坦之后世界上最著名的科学思想家和最杰出的理论物理学家，他的作品《时间简史》被翻译成 40 多种文字，畅销全球。

可就在霍金距离自己的梦想越来越近的时候，新的"拦路石"又出现了。他因为严重的肺炎不得不接受穿气管手术，也因此失去了说话的能力，只能通过电子语音合成器表达自己的想法。最初他还可以用三根手指来敲打键盘，后来就只能依靠面部肌肉的运动控制设备与他人沟通。这给他的工作带来了很多不便，但坚强的他并没有因此失去追逐梦想的勇气，反而大胆开始了对量子物理学的研究，还撰写了《果壳中的宇宙》一书，试图用简化的手法来引导大众探索宇宙的起源。

2009 年起，霍金的病情日渐恶化，呼吸更加困难，需要不时到医院诊疗，脸部的肌肉也开始萎缩，严重地影响了表达。尽管如此，他仍然顽强地坚持研究，并不时有经典著作问世。

2018 年 3 月 14 日，霍金因病逝世，享年 76 岁。消息传出后，引发了全球科学爱好者的沉痛悼念，人们在怀念这位伟大的科学家的同时，也为他追逐梦想的勇气感佩不已。

在追逐梦想的路上遇到"拦路石"并不可怕，怕的是因此失去勇气，不敢向前。霍金用自己的人生向我们演示了对待"拦路石"

的最佳态度，那就是毫不犹豫地向"拦路石"发起进攻，用坚强和勇气将它彻底粉碎，使它无法阻拦我们的下一步行动。

想要实现梦想，一方面要拿出实际的行动，另一方面也要鼓足勇气。勇气和执行力是成就梦想必不可缺的重要条件，缺少任何一点，都可能让梦想变成泡影。因此，我们要经常检视自己的状态，如果发现自己有执行力不佳、勇气不足的问题，就要及时采取行动为自己"充电"，这样才会让我们离梦想越来越近。

至于如何提升自己的勇气，以下有几条建议可供大家参考。

▶ 不要用消极的词语给自己"贴标签"

很多缺乏勇气的人一遇到"拦路石"就会给自己贴上各种消极的标签，比如认为自己是"容易失败的人""没有遇到好机会的人""内心非常脆弱""无法战胜严峻的挑战"等。这类标签会对人进行消极的暗示，在不知不觉中，他们的表现就会和所贴标签的内容趋于一致——这种情况在心理学上也叫"标签效应"，它会让人越来越缺乏勇气，很容易被行动中遇到的"拦路石"吓倒。

所以我们要停止这种给自己贴负面标签的做法，而应当以一些积极的心理暗示取而代之。比如可以经常对自己说："我一定能够实现梦想""我能够成为我想成为的人"等，这会让我们的内心更加强大，在面对"拦路石"的时候也会表现得更加从容镇定。

▶ 直面让我们感到害怕的事物

遇到"拦路石"的时候，我们常常会感到害怕，这种害怕会使我们无法直面问题，很可能在匆忙的状态中就宣告"我不行""我做不到"。可实际上，如果我们能够鼓足勇气大胆地面对这些事物，就会发现它们并非是不可战胜的。

害怕其实是一种非常奇怪的心理，如果我们越是胆怯、畏缩，害怕的心理就越是强烈；可是一旦我们接受现状、不再逃避，并试着去面对那些让我们害怕的事物，大胆地谈论它们、研究它们，反而会发现它们并没有想象中那么强大。如果我们能够找到战胜它们的方法，还会产生很多成就感，让我们勇气倍增。

▶ 走出心理的舒适区

心理上的舒适区就是让我们感觉最为安全、舒适的地方，它当然是十分惬意的，但也会让我们滋生出不少惰性。它会让我们习惯舒适，不敢接受来自外界的挑战，因而无法成长。

如果我们想要实现梦想，就不可能始终过轻松惬意的生活。不接受挑战永远无法锻炼自己的能力，不战胜困难也无法培养自己的勇气。因此，我们应当不时地鼓励自己走出"舒适区"去感受一下新的事物、新的氛围，这会给我们带来新的机遇，也会让我们发现实现梦想的绝佳途径。

▶ 让勇往直前成为一种习惯

为了使追逐梦想的过程中更加勇往直前，我们还可以有意识地对自己的行为进行记录。比如在日常生活中遇到了困难，不管它是多么的微不足道，我们也要在克服它之后，在记事本上做记录。

这种记录像是一种战绩的证明，让我们不断积累信心。这样在下一次遇到困难的时候，我们就会自然而然地产生出一股强大的勇气去克服它。当我们把勇往直前当成是一种习惯的时候，执行力就会更加强大，与梦想之间的距离也不再遥远。

除了上述几点外，为了避免被"拦路石"拦住去路致使行动失败，我们还要努力培养"有始有终"的做事风格。无论做任何一件事，都要坚持把它做完，不能轻言放弃。如果我们能够养成这样的作风，就一定能够实现自己的理想，并且能够体验到成功的喜悦和收获的快乐。

用美好的未来安慰现在

梦想是美好的，但是追逐梦想并不是一件容易的事情，除了会不时遇到艰难险阻，我们还有可能会遇到结果与自己期待的方向相差较远的情况，这种现实与梦想的偏差难免会让人沮丧。有一些人遇到这种情况会不再坚信梦想，甚至还会放弃继续行动的打算，让自己之前的努力化为泡影。

我们要学会正确地认识和分析这种情况，要有迎接偏差的思想准备。为了战胜沮丧和失望，重新点燃行动的激情，我们要学会用美好的未来安慰现在，要让自己认识到现在行动的方向只是偏离了我们的梦想，只要找回正确的方向，我们仍然有实现梦想的可能。总之，未来无限美好，只要我们满怀希望，就能够发挥梦想的召唤和激励作用，让自己变得积极乐观起来。

一个对电影事业怀有无限热情的年轻人利用业余时间写了一个剧本。他虽然没有经过专业训练，却对自己的才华很有自信，觉得这个剧本一定会受到导演们的青睐。在他的脑海中，他笔下的故事仿佛已经被拍成了影片，在各大影院播放，得到了观众们的热情支持。

年轻人满怀信心，带着剧本去拜访了一位小有名气的导演，当对方听说他是个业余编剧后，态度不免轻慢起来，没有仔细看这个剧本就对年轻人说："这种内容根本就没办法拍摄，你连基本的架构都没搭好。"

年轻人垂头丧气地走出了导演的工作室，不过他并没有绝望，一想到自己编写的剧本会转化为影像、留在大银幕上，他就感到充满了力量。回到家后，他认认真真地学习了很多知名编剧的剧本，又对自己的剧本进行了一些调整，并承认这样做确实让剧本的质量提升了不少。

在第二次拜访另一位导演前，他事先给对方发了邮件。在邮件中，他坦然地承认自己是个毫无经验的新手，并诚恳地拜托对方仔细看一看这个剧本，说它一定能够给观众带来很多惊喜。然而这一次，他还是被导演拒绝了，不过这位导演给了他一些有益的指导，让他对一些细节问题有了新的认识。

年轻人按照这位导演的要求再次修改了剧本，还加入了自己领悟到的一些新的内容，再一次将剧本发给了这位导演。导演这次没有再对剧本提意见，却告诉年轻人自己这几年的日程表已经排满了，请他去别的地方试试。

屡遭打击的年轻人觉得十分沮丧，有一瞬间，他的大脑中出现了这样的想法：放弃吧，你根本就不适合写剧本。可就在这时，他的脑海中浮现出了梦想中的画面。在梦想的激励下，他又一次积极行动起来，继续修改剧本，寻找其他合作渠道……

在连续努力了十多次后，他终于获得了一位导演的认可。在导演牵头下，终于有电影公司决定投资开拍这部电影。一年后，这部电影顺利上映，因为剧情精彩，赢得了观众的欢迎，很多影评人也不约而同地为电影打出了高分。年轻人终于实现了自己的梦想，从一个无名小卒，一跃成为圈内人人皆知的"金牌编剧"。

在行动中遇到现实与梦想偏差较大的情况是很正常的，如果处理不好这个问题，我们就会被强烈的沮丧感、失望感所淹没，很有可能就此停止行动，变得怨天尤人、自暴自弃，而这只会让我们的处境更加恶化，并会让我们距离梦想越来越远。

那么，我们应当如何处理这种现实与梦想的偏差呢？故事中的年轻人已经为我们做出了一个良好的榜样，参考他的经历，我们可以总结出以下几点做法，它们可以让我们摆脱沮丧、失望，重新生出强烈的行动欲望。

▶ 用梦想进行自我激励

在结果不理想、心情沮丧的时候，我们要学着进行自我激励，而激励的最好办法莫过于用梦想鼓舞自己。梦想是我们生命中潜藏的一种神奇力量，它能够激发我们对美好未来的向往，为了实现梦想，很多人甚至愿意放弃当前舒适、安逸的生活。所以我们在遇到不如意的情况时，要不断地用梦想来说服自己。

▶ 打开封闭的内心，接受他人的建议

如果我们行动的结果总是不尽如人意，就应当考虑是不是自己看待问题的角度或做事的方法出现了偏差。这时，我们不要过于执着自己的想法，那只会让自己变得闭目塞听，很难取得进步。我们应当打开自己封闭的内心，虚心地向他人请教，听一听局外人的想法。所谓"当局者迷，旁观者清"，经常听一听别人的建议，能够启发我们的思路，当我们再次行动的时候，就容易获得比较理想的结果了。

▶ 立刻行动，积极改变

实现梦想的道路不可能一蹴而就，我们也不能奢望自己马上就能改变目前的境况，万事万物的发生和改变都是需要时间的。如果还没有得到自己想要的结果，那可能是因为时间未到，还有可能是我们尚未找到更加正确、更加有效的方法。

不管怎样，我们都需要立刻开始行动，因为只有行动才能带来改变，只有行动才能实现梦想。所以我们一定要专注于目前的境况，拿出切实的行动，做出一些积极的改变。只有这样，我们才会离梦想越来越近，美好的未来才不会只停留在我们的想象之中。

03

第三章

明确目标，为行动指明方向

///

目标可以为你带来正能量

一个人为什么总是停滞不前、不能立即行动？为什么在行动中经常感觉茫然无措、不知道下一步该如何落实？究其原因，还是因为没有找到行动的目标。

目标对于执行力的提升具有关键性意义，拥有了目标，我们就能在它释放出的正能量的推动下，一步步走向成功。反之，如果没有目标，我们就会像在黑暗中的枪手一样，不但不能射中靶心，还有可能伤害到其他人。

因此，在行动前，我们必须先找到一个正确的目标，这样才能有的放矢、产生强大的助推力，让我们在行动时胸有成竹、从容不迫。

1970 年，有几位专家想要探讨"目标能够对一个人的事业和人生产生什么样的影响"，于是就对当年的毕业生做了一次目标调查，请他们如实说出自己的目标。

专家在这次调查中发现，这些学生中有相当一部分是没有任何目标的，数量约占学生总数的 27%；还有一些学生虽然有目标，但比较模糊，没有办法具体阐述，这类学生的数量最多，约占学生总数的 60%；还有一些学生有比较清晰的目标，但都是些短期目标，比如"我准备在 3 个月内找到满意的工作""我准备在一年后将年薪提高到多少"等，可要是让他们说出自己的长期目标，他们就感到非常茫然，这类学生所占的比例大概是 10%；最后，只有极少数学生形成了清晰而长远的目标体系——他们不光知道自己将来想要的是什么，还知道应该从哪些短期目标做起，才能实现未来的长远目标，像这样的学生堪称"凤毛麟角"，在学生总数中只占 3%。

这次调查结束后，几位专家花费了大量时间和精力，持续跟踪和记录这些学生的人生轨迹，整个实验持续了 30 年。2000 年，实验组的专家们终于公布了实验结果，他们通过对比大量的数据后得出结论——明确的目标对个人的成功和成就有巨大的影响。

那些在 30 年前毫无目标的毕业生，一直过着浑浑噩噩的日子，他们不知道自己想要什么，也不知道什么事该做、什么事不该做。他们得过且过地生活，普遍过得很不如意，而且他们的心态往往也很消极，总是不停地抱怨社会，说自己"怀才不遇"。

那些有目标但目标不太明确的毕业生，大都过着安稳的日子，虽然没有做出什么特别突出的成绩，但维持温饱不成问题，在整个社会阶层的金字塔中处于中下层的位置。

那些对短期目标十分明确的毕业生虽然没有太大的抱负，但一直踏踏实实地进取、拼搏，让自己的小目标一个个得以实现，于是在 30 年后，他们成了各行业的专业人士，也是中产阶级的重要构成者。

最后是那 3% 的拥有明确的目标体系的毕业生。他们拥有自己的雄心壮志，也知道怎样做才能实现抱负。最终，他们成了业界的领袖、社会的精英，傲立于金字塔的塔尖。

在这个实验中我们可以发现，这些毕业生走向社会的起点基本是相同的，可是为什么他们每个人的人生际遇会有这样悬殊的差异呢？原因就在于他们有没有清晰、明确的目标。

那么，目标能够产生哪些神奇的正能量呢？

▶ 为我们指明奋斗的方向

目标就好像是我们人生路上的"指南针"，有了目标，我们就能够划定自己奋斗的方向，并能够坚定地向着目标行动。相反，要是没有目标，我们就会像水上的浮萍，终日东飘西荡，却不知道何去何从。

有位智者有一天突发奇想，想要了解三个砌墙工人的目标，就问他们："你们在干什么？"三人中一个不假思索地回答："我在砌墙，你看不到吗？"另一个看了看眼前的墙，回答说："我在砌一堵很高的墙，我要保证每一块砖都严丝合缝。"还有一个人则带着笑容说："我正在建设一座美术馆，它会成为这个城市的象征。"从这三人的回答中，智者看出第一个人没有目标，只是为了工作而工作，他对未来的看法是完全茫然的；第二个人知道自己正在干什么，有短期的目标，也很愿意把当前的工作做好；而第三个人就完全不同了，在他心中，世界已经变成了一幅清晰的图画，他的目标伟大而富有导向性，这会让他更加热心于自己的工作，并有可能从普通的工作中取得更大的成就。这就是目标能够产生的正能量之一。

▶ 对我们产生持久的激励作用

目标还是一种富有激励作用的力量源泉,当我们明确了行动目标后,才能调动自己的潜力,发挥出积极性、主动性和创造性,去尽力而为,创造出更好的成绩。国外有学者做过相关的研究,他们调查了很多从事单调、乏味、枯燥任务的人,其中包括打字员、装卸工人、司机、服务人员等,结果发现,当这些人有明确的行动目标后,他们工作的绩效提高得很快,最高能够提高近20%。这也彰显出了目标所能产生的正能量,它能让我们对自己正在进行的事情保持长期的热情,很少会出现兴趣减退、注意力不集中的情况。

▶ 让我们的心态变得更加积极

目标还能够改善我们的心态。在没有目标的情况下,我们的行动就是按部就班地完成眼前的事项,无法从中获得成就感,时间长了,我们难免会感到烦躁、沮丧和消沉。可要是设立了明确的目标体系,我们每完成一件任务,即达到了一个小目标,就会让我们的心中生出一种强烈的满足感和成就感,就会让我们的心态保持乐观,让我们始终从积极的角度去看待问题,并做出更加理性的选择。

比如一位软件公司的普通职员,他一开始进入公司的时候就为自己立了一个目标——在两年内成为产品开发组的主管。从那一天起，这个目标就一直鼓舞着他，让他能够充满激情地面对自己的工作。每天，他都自觉地做很多分外的事情，而且不断加强学习，这样虽然辛苦，却让他的能力不断提高，使他感到非常满足。结果他用了不到一年的时间就完成了目标，于是他又给自己定下了新的目标——成为产品部门的经理，实现这个目标他用了两年。之后他又给自己定下了下一个目标——成为产品总监……就这样，目标让他变得更加乐观、积极，使他能够一步步前进，取得越来越大的成就。

▶ 帮我们把握工作和生活的重点

目标还能帮我们分清事务的轻重缓急。如果我们没有目标，就不知道当前最应该做哪些事情，这样就很容易让自己陷入跟梦想无关的琐事、小事之中，白白浪费自己的时间和精力。可要是拥有了目标，我们就能很轻松地从事务的海洋中找到那些在现阶段来说最为重要的事项，这样我们就可以更好地把握现在，抓住工作和生活的重点，完成一个又一个目标，不断提升执行力，同时实现自己的梦想。

总之，目标对于人生具有巨大的导向作用，可以为我们带来强大的正能量，它是成功的第一要义，也是提升执行力不可或缺的一大要素。所以想要建设不一样的人生、取得辉煌的成就、实现自己的梦想，就应当从设立目标开始。

把你想要实现的目标写在纸上

执行力的提升离不开目标的设定，那么，你有没有认认真真地想过什么才是自己想要实现的目标呢？你有没有设想过，三年后的今天、五年后的今天你要达成什么样的目标？

在现实生活中，有很多人空谈着要提高执行力，可是就连这起步阶段的工作——设定目标都没有做好，因为他们不知道该怎样去定义自己的目标，也很难迈出那最关键的一步。

所以，当我们感觉自己有执行力方面的问题时，就应当停一停，然后回归原点，好好地思考并设定目标。

曾经有这样一位不幸的年轻人，他从小就是别人眼中的"差生""笨孩子"，做什么事情都犹犹豫豫、磨磨蹭蹭，执行力可以说是差到了极点。别人用一小时就能学完的知识，他有时花费一整天都学不进去，作业也无法按时上交。家长、老师对他已经完全失望，经常批评他。久而久之，他变得十分自卑，而且经常自我怀疑，觉得自己什么都不会做、什么都做不好。等到家长发现他患上抑郁症的时候，他其实已经有过好几次轻生的念头了，幸好他在最关键的时刻醒悟了过来，才没有酿成悲剧。

经过一段时间的治疗后，他的情况有所好转，自己也开始尝试改变。有一次他听到了一位演说家的演讲，对他启发很大。那位演说家指出，"你可以从设定目标开始改变自己的人生，让自己成为拥有卓越执行力的成功人士。"他听完后觉得茅塞顿开，马上在纸上列出自己的目标清单。当时因为心情激动，他一口气列出了 101 个目标，包括了事业方面、学习方面、健康方面、心理方面、生活方面等好几个领域的目标。有些目标比较简单，比如"把自己的打字速度提升到每分钟 50 字""练习写字，让别人称赞自己一次"，有些目标比较困难，比如"公开发表 30 篇文章""受到总经理在公开场合表扬 1 次"，还有一些在当时看来不切实际的目标——"成为演讲大师，至少公开演讲 5 次""成为一家公司的高层管理者"……

面对目标清单，他忽然觉得心中充满了力量。从第二天开始，他就着手来实现这些目标了，先从最简单的开始一个个进行，每一次目标达成都让他感到万分欣喜。与此同时，他的执行力也开始增强了。按照目标中的规划，他开始学习领导力、管理、谈判、营销、演讲方面的知识，而且每年都更新自己的目标清单，把那些还没完成的目标重点圈出来，留待下一年度去努力完成。

就这样，5 年之后，奇迹发生了，他竟然真的成了一名演讲家，他用自己的亲身经历帮助那些因为缺乏目标而执行力低下的人重新振作起来。现在他已经成了著名的演讲大师，经常受邀到全球各地去做演说，但他并没有因此而感到满足，还在积极地行动着，准备去达成更多的目标……

这个案例的主人公用自己的亲身经历向我们证明了设立目标有多么重要：目标为他找到了行动的动机、给他指明了行动的方向。

虽然他最初列出的目标有些并不适合自己当时的实际情况，却不失为为人生做初步布局的好办法。

由此可见，如果我们对自己的目标还没有什么清晰的认识，就不妨参考案例中的主人公的做法，将自己想要实现的目标都写在纸上。假如我们还不太清楚应当怎么做的话，不妨按照以下这几个步骤进行。

▶ 思考自己真正想要去做的事情

在设定目标前，我们首先应当思考自己真正想要去做的事情。我们可以从不同的角度去思考，并可以像本节案例中的主人公那样，为自己设定各个领域的目标，内容涵盖生活、工作、学习、健康等，这样我们的视野就会更加广阔，思路也不会拘泥在一个狭窄的范围内。我们很有可能会想出数量很多的目标，这时就可以把这些目标一个一个地写在白纸上了。

在书写目标的时候，我们要注意强调自己的作用，可以多用一些"我""我的"这类强调自我的词语——这会更加凸显个人意志，也会让目标在我们的头脑中留下深刻的印象。比如"在一周内完成项目草案"这个目标，我们就可以改写为"我要在一周内完成项目草案"，虽然只是做了小小的改动，但行动过程中会出现不同的效果，后者显然会让我们更加积极、主动一些。

▶ 给每一个目标设定时间框架

为了让行动更加合理，我们还需要为每一个目标设定时间框架，这样目标就会离我们更近，而不会总是虚无缥缈的。比如"总有一天，我要到土耳其旅游一次"会因为缺少时间框架最终很难实现，可要是把它改成"今年 10 月前，我要到土耳其旅游一次"，效果就好很多。因为有了时间框架，我们也会多一些紧迫感，这对目标的实现是很有帮助的。

由此可见，给目标设定时间框架是很有必要的。为此，我们需要合理地判断每个目标达成的难度，然后尽量准确地预估自己达成目标需要的时限。比如"完成法语基础学习，能够进行简单的日常对话"，如果我们之前没有任何外语基础的话，学习的难度就会较高，我们可以把时限适当延长一些，定为一年；但如果之前我们已经掌握了一些学习外语的窍门，在学习时效率就会高一些，那达成目标的时限就应当适当缩短，可以定为 3~6 个月。

同样，对于一些难度更高的目标，我们的时间框架可以延长到三年、五年、十年，甚至更长的时间。一定要注意，不能过于低估自己的能力，进而无限延长目标框架，这会让自己无形中增添惰性，对于执行力的提升不利。

▶ 思考自己是否具备达成目标的条件

在制定了时间框架之后，我们还要对每个目标进行具体的分析，这可以让我们更加清楚自己应当从哪些目标开始行动。在这一步，我们可以在目标下面列出自己拥有的资源，包括自己已经掌握的技能、拥有的财富、能够调动的人脉等，这可以帮助我们发现自己还有哪些不足，并可以知道该从哪些方面去弥补。

如果我们发现之前某个目标定得"过大"或"不够具体",也可以在这个步骤进行修正。比如伟大的物理学家爱因斯坦在求学时曾将自己的目标定位于科学领域,但后来在实践过程中,他发现自己对物理学更感兴趣。为了充分发挥自己的潜能,他就将目标进行了修正,将"科学领域"具化为"物理学领域",以便更好地发挥自己的长处,最终,他在物理学方面获得了极高的成就。

▶ 规划为实现目标要采取哪些行动

在对自己的目标足够清楚后,就可以进一步规划具体的行动了。如果目标是"让自己的收入在一年内实现翻番",那就应当思考怎么行动才能实现这个目标。比如,我们可以通过努力提升工作业绩,以获得加薪、奖金来增加收入,也可以考虑从事一些兼职工作以获得一些额外的收入;另外,我们还可以从理财投资方面着手,想想看是通过银行存款还是投资股票、基金、债券来增加收入。如此一来,目标就不再是不可及的,而是可以通过具体的行动去达成的。

在这一步中,如果我们发现与某些目标关联的行动重复了的话,就可以划掉多余的目标,以使目标清单更好地对应我们的行动。

之后,我们可以把自己的目标清单随身携带,每天晚上临睡前也可以进行朗读。这样目标就会深深地铭刻在我们的脑海中,长久地发挥激励作用,指导我们更加积极地开展行动。

能够量化的目标才有实际意义

你能准确地描述自己的目标吗？"我要获得好成绩""我要找一份好工作""我要过幸福的生活"……这些其实并不是真正的目标，因为它们无法量化，也就是说无法用准确的数量指标去描述，所以它们是不清晰的、不确定的，也是抽象的。带着这样的目标去行动，你的心中也会充满不确定，很容易为自己找到松懈的理由，目标的实现也就难有保障了。

所以，当你为行动制定目标的时候，一定要制定出能够量化的目标，哪怕这种目标无法用具体的数字来衡量，也应当确保它们是可以指标化的。

在一家公司的客服部门，一位主管正在和员工一起制定工作目标。由于客服部门的工作和其他部门不同，很难量化，所以员工都感到有些困惑。一位员工小冯说："我的目标是接听好每一通电话，让每个客户都能得到满意的服务。"

主管听完皱起了眉头："你这个目标听上去很抽象，什么叫接好电话，又怎么衡量客户是不是真的满意呢？"

小冯陷入了沉思，过了一会儿，她对主管说："我的目标是让客户可以得到最快速的服务——客户打来的电话，响三声的时候我就要接听，以免客户等待太久。"

主管满意地点了点头："很好，现在你的目标可以量化了，'三声起接'可以算是一个衡量的指标。"

员工小汤也想到了一个指标："我的目标是让客户得到清楚明白的服务——在接听中我会使用规范用语，说话的速度要不快不慢，说话的音量大小要合适，每一个字都要让客户听清楚。"

主管听完觉得不错，让大家把"规范用语""速度适中""音量合适""吐字清晰"这几个指标也记录了下来。

在这个案例中，员工们通过制定一些指标，让琐碎的、抽象的目标得到了量化。在目标量化之后，员工就会知道自己应该通过行动达到什么样的水平，也能够顺便衡量一下自己目前的服务质量与目标之间还有多少差距。如此一来，他们的行动方向会更清晰，行动步骤会更细致，执行力和专业能力的提升也会更加显著。

具体来看，量化目标可以从以下几个方向着手。

▶ 以时间为尺度量化

在日常工作和学习中，效率是非常重要的，谁能在更短的时间内完成更多的任务，就更能表现出强大的执行力，也更能适应纷繁复杂的环境变化。所以在量化目标时，就可以从时间的角度来制定指标，比如规定"一个目标必须在多少天内完成"，这是一个期限方面的指标，可以增加行动时的紧迫感；又如，规定"服务周期必须缩短到多少天"，这是一个速度方面的指标，可以在行动时用来敦促自己不要拖延，要以最快的速度完成目标。

▶ 以数量为尺度量化

用数量方面的指标来量化目标也是一种很常见的做法，比如将"显著提升销售额"的目标量化为"销售额必须提升到 2 万元"，将"提高长跑成绩"量化为"跑步总里程要达到多少公里"，将"加强某学科的练习"量化为"掌握的习题要达到多少道"等，这些指标可以让模糊的目标变得更加直观，也能让我们对如何完成目标做到心中有数，行动的积极性也会高涨。

▶ 以质量为尺度量化

质量指标就是用结果的好坏程度来更加准确地描述一些定性目标，比如将"提升顾客满意度"这个目标量化为"投诉率降低到多少，顾客满意度上升到多少"等，这样做的好处是让那些比较笼统、不直观的工作转化为清晰的指标，我们在行动的时候也会有豁然开朗的感觉。

需要提醒的是，在量化目标时，不能感情用事、盲目定量，否则，如果制定的量化指标不够科学合理的话，在行动中就很难实现，反而会影响行动的积极性。所以，量化目标时我们的态度也要慎重，而且在量化之后要坚持实行，不能随意间断，否则量化目标也就失去了意义。

把大目标分解成小目标

很多人都会有这样的经历：想要完成目标，如果这个目标定得过大或时限过长，几周之后行动的激情就会逐渐减弱。随着时间慢慢推移，再过几周、几个月后，就更加难以保持热情和动力，目标完成的难度也会越来越大。

想要解决这个问题其实也很简单——我们要学会把大目标分解成小目标，再通过"小步快跑"来完成一个个小目标，最终顺利实现大目标。

一位心理学教授将自己的学生分成三组，然后分别安排他们到郊外去远足。

第一组学生不知道目的地在哪里，也不知道整个路程到底有多长，他们跟着带队的老师，茫然地向前走着。开始还有说有笑，唱着歌、聊着天，可是慢慢地，他们就觉得没有了动力，一个个无精打采。有的人还开始埋怨教授，说他组织了一次没有意义的郊游。

第二组学生在刚出发的时候就被告知目的地是二十公里以外的一个村庄。由于一般人步行的速度大概是 5 公里/小时，算上休息的时间，学生们至少要在路上度过 5 个小时，这让一些学生感到很是吃力。走到一半路程的时候，一些学生感觉又累又饿，可是村庄还在很远的地方。看不到头的目标让每个人的情绪都非常低落。

第三组学生也知道自己的目标在很遥远的地方，不过在他们行进的那条小路上，教授提前找人安放了一些路牌，上面写着已经完成的路程，这些路牌给了学生们不少动力。他们一边走着，一边指着路牌不断地说："看啊！我们已经完成了五分之一的路程了""已经走完了一半的路程了，真了不起""太棒了，离目标只剩1公里了，加油！"

就这样，第三组学生花费最短的时间到达了目标村庄，此时，他们的精神状态也是三组学生中最好的——因为在路上完成了一个又一个小目标，他们每个人的脸上都带着自信和满足的笑容。

在这个实验中，为什么三组学生的表现会有这么大的不同呢？关键就在目标上，第一组学生心中没有明确的目标，不知道该往什么方向行动，内心茫然无措，很容易中途放弃；第二组学生虽然知道自己的目标是什么，可是因为目标难度太高，难免望而生畏；第三组学生则通过将大目标分解为一个又一个小目标，让自己能够不断地得到激励，并最终成功跨越小目标、实现大目标。

从这个实验中我们也可以获得不少启发，当我们在日常的工作和学习中为自己制定目标的时候，可以将难以企及的大目标分解成为一个个可以实现的小目标。这样，即使我们在行动的过程中遭遇到了挫折和失败，通过完成小目标获得的心理愉悦感也会冲淡压力和痛苦，让我们鼓足勇气继续行动。

比如，一个销售员的年度销售目标是120万元，刚接到这个目标的时候，他觉得难度太大，很难完成。于是部门经理就帮他做了这样的目标分解工作。

将 120 万元的年度目标分解为季度目标：120÷4=30（万元），再将 30 万元的季度目标分解为月度目标，即 30÷3=10（万元）。按每月 30 天计，再将 10 万元的月度目标分解为每天的目标，即 10÷30=0.33（万元）。

如此一来，销售员每天只要完成 3300 多元的销售额就能完成年度销售目标了。由于该公司生产的产品利润较高，每单利润可达到 2000 元以上，因此销售员每天只要确保能够卖出 2 单产品，就能超额完成任务。经过这样的目标分解之后，销售员顿时觉得轻松了很多，对目标的达成也更有信心了。

从这个例子中我们也可以发现，有些看似困难的大目标在分解之后就会显得容易很多，能够为我们的行动增加不少信心和动力。不仅如此，有了分解之后的一个个小目标，我们行动的方向和脉络也会更加清晰。

不过，在分解目标时，我们也要注意以下几点，才能更好地发挥目标对于行动的指向性作用。

▶ 将大目标分解到位

所谓分解到位，指的是将大目标按照一定的规则进行细化之后，要让任何人都能看明白该怎么实现目标。比如我们可以将一个工作任务转化成具体的指标，然后再细分为行动步骤，其中每个步骤又可以细分为切实的行为，这种行为还可以再细分为每天、每个小时应该完成的小目标，这样就更加方便它指导我们的行动。

在进行这种分解工作的时候，我们也要注意不能对目标过于细化，以致将一些多余的步骤加入其中，这样反而会加重行动的难度。所以我们在分解目标之后，还要进行倒推检验的工作，要将每一个小目标倒推回去，看看是不是对完成总的大目标有帮助。如果没有什么帮助或是会影响正常的工作，我们就可以将其删除，这样行动的效率也会更高。

▶ 不一定要追求均分式的分解

有的人会将目标分解理解成对大目标进行平均化的分配，每天能完成一点，直到最终完成整个目标。这种均分法其实并不适合所有的目标分解，比如有人将减肥的大目标分解为"每天减去多少重量"就是不科学的，因为它不符合人体的生理规律——即便在减肥的时候付出再多努力，也不可能控制每天减去的重量。而且有的人因为体重基数较大，减肥前期能够减去很多体重，后期却会出现减肥停滞的情况，所以采用均分法就是违背客观规律的。像这种目标，我们在分解时就要考虑用更加科学的方法进行分解，而不能均分了事，因为那必然会在行动的过程中给我们造成很多麻烦。

▶ 对分解后的目标不断优化

对目标进行分解并不是一蹴而就的工作，我们可以先采用一种方法来进行分解，然后在具体的行动中进行调整和优化。比如大目标分解得不够细致，导致某个小目标难以完成，那就可以再对它进行一些细化，将其分成新的小目标。这样，难度得到降低，我们行动起来也会更有信心。

再如，我们在分解目标的时候考虑不周，造成了小目标与大目标出现偏差，甚至成了完成大目标的阻碍，那就可以考虑对其进行修正或删减，直到所有的小目标都能够更好地指导行动为止。

你需要的是"跳一跳，够得着"的目标

在设定目标的时候我们应当注意：如果目标难度太高，就会让我们在行动中遭遇很多挫折、影响我们的信心和激情；可要是目标过于简单也难以激发我们的斗志、无法调动全部的积极性。因此，想要发挥出强大而持久的执行力，就要定立"跳一跳，够得着"的目标。

"跳一跳，够得着"的目标是一种富有挑战性的目标，它具有一定的难度，但并非不切实际越难越好，而是让我们在付出一定的努力之后就能达到。这种目标的实现能够给我们带来巨大的心理满足感，可以让我们充满自信地迎接更多的新挑战。

像这种设定目标的办法也很符合心理学中的定律——洛克定律。它是由美国管理学家埃德温·洛克提出的。洛克曾经以篮球架为例来说明这条定律：当我们去打篮球的时候，就会发现篮球架的高度并非随意设定的——它不会像两层楼那么高，否则谁都没有办法把篮球投进篮筐，这项运动也就会失去意义；同时，篮球架也不会像一个普通人的身高那么高，否则谁都可以不费吹灰之力抬手

灌篮，大家也就无法从这项运动中获得乐趣了。正因为这样，现在的篮球架的高度才会是"跳一跳，够得着"的高度，热爱篮球运动的人在经过系统的训练、付出汗水和智慧后，就能够灌篮成功，这会让他们感到非常开心和自豪。

我们不妨把这条洛克定律引入到现实的工作和学习中，尝试给自己设定一些"跳一跳，够得着"的目标，使自己能够始终保持高度的热情去行动，并以达到一个个富有挑战性的目标为荣。

文欣是一个年轻的自由职业者。2016 年，她开始给自媒体平台投稿，赚取一些稿费。由于她善于捕捉年轻人感兴趣的社会话题，看问题的观点又很独特，发表的文章人气很高。

文欣也是从那时候开始决定做专职的自媒体作者的，不过她的家人并不看好她的职业规划，纷纷劝她去找一个"安稳"点的工作，不要在家"不务正业"。文欣心中很不服气，决心一定要做出一些成绩来证明自己的价值。

在文欣所在的城市，人们的收入和消费水平不太高，月工资3000 元左右就能满足基本的生活需求。文欣以此为基准，给自己定下了一个"跳一跳，够得着"的目标：到 2016 年底，通过写作实现月薪 3500 元，比当地很多人的工资水平还要高一些。

接着，文欣就鼓足力气，拿出全部的精力来专心写作。为了完成这个目标，她改变了拖延的毛病，一心钻研写作技巧，争取每周都有两篇新稿件发表。

到了 2016 年底，文欣统计了一下自己的稿费收入，发现已经超过了月薪 3500 元的标准，直逼月薪 4000 元的标准。她非常开心，又给自己立了下一阶段的目标：到 2017 年底，通过写作实现月薪 5000 元，而这就要求她每个星期至少要发表 3 篇稿件。虽然难度提升了，但文欣相信自己只要肯付出努力，就能够达到这个目标。

文欣摩拳擦掌，为了这个新目标积极地行动起来，由于她的技巧越来越熟练、眼界越来越开阔，在这一年，她写出了几篇爆款文章，浏览量超过了 10 万，获得的稿费激增，早已超出了她的目标……

文欣的成功与她善于为自己设定目标有很大的关系。在设定目标的时候，她非常务实，不想着一步登天，而是从自身实际能力出发，同时参考周围的实际环境，给自己设立了一个个"跳一跳，够得着"的目标，这些目标能够调动她的积极性，还能够开发她的创造力，使她在事业之路上走得更稳、更远。

文欣的经历也带给我们很多有益的启发。在现实中，我们在行动中之所以会出现半途而废的情况，很有可能是因为目标的难度设置不够合适：要么毫无难度，让我们在完成目标后产生懈怠，这种懈怠很容易让我们原地踏步，难以继续向前；要么难度太大，远远超出个人的实际能力，不但难以实现，还有可能迫使我们采用一些不正当的手段。

一个刚刚进入健身行业的年轻人小马给自己定了个目标：在 3 个月内成为明星教练。可是他忽略了行业竞争激烈的事实，而且健身教练每个月都有业绩要求，小马却不善于和学员沟通，也无法说服他们购买健身中心的课程，业务量比同事低了很多。小马不甘心落后于人，为了完成自己的目标，他发动亲戚、朋友都来健身中心报名，等到这个月的业绩评比结束后，再让他们一个个来办理退款。结果，他的作弊行为很快就被上级发现了，不但没能获得明星教练的称号，反而被坚决地开除了。之所以会出现这样的后果，就是因为小马不顾自身实际、把目标定得太高。

因此，我们一定要用尽量客观的态度去认识自己的能力，既不要高估自己，也不要妄自菲薄。我们可以为自己制定符合实际情况，又稍稍高于目前能力的目标，再想办法去达成这个目标。在这个过程中，我们的能力会不断进步、执行力会不断提升，目标的实现也会变得越来越容易。

当然，一个有难度的目标实现后，我们要注意不能骄傲自满。为了创造出更好的成绩，我们要始终保持清醒的认识，以审慎的态度继续为自己设置下一个"跳一跳，够得着"的目标，这样，行动的热情就永远不会消退，终有一天我们会发现，自己已经站在了曾经梦想过的成功之巅……

04

第四章

制订计划，让想法切实可行

计划是连接目标与行动的桥梁

如果我们已经明确了自己的目标，下一步就是要为行动做计划。计划是连接目标与行动的桥梁，可以让我们知道现在自己正处于什么样的状态，又可以通过怎样的行动达到目标。

没有计划，实现目标就是一句空话。同样，如果不会做计划，或者计划做得很失败，那么在行动中也会不断遭遇失败，达成目标也就成了不可能完成的任务。

王先生自己经营了一家小企业。他一直恪守"天道酬勤"的格言，每天一大早就来到公司，带领员工努力工作。平时公司里的事务，无论大事小情他都要亲自过目，有时候忙起来连吃饭、午休都顾不上。

可即便王先生已经付出了这样的努力，在执行方面也很积极，但公司还是出现了很多问题。有一次，公司接到了一个非常重要的订单，王先生很重视，连忙把相关人员都召集到一起，让他们先停下手中的任务，集中精力处理这个订单。可也因为这样，公司原本正在进行的几笔交易受到了影响，客户打来电话投诉，王先生着了慌，又抽调人手去紧急处理这些业务。手忙脚乱了好一阵子也没能如期交货，王先生不得不缴纳了违约金，才求得了客户的谅解。

正在王先生感觉焦头烂额的时候，几位下属又提出了离职的请求，他们说王先生这位老板实在是"太难伺候了"，总是"想起一出是一出"，把他们指挥得团团转，完成不了任务还要拿他们出气，他们实在是坚持不下去了。

王先生好说歹说也没能留住这几位得力的下属，等他们离开之后，王先生十分气恼地自言自语起来："为什么我这么努力，公司却还是一团糟呢？"

王先生遇到的这些问题在现实工作中并不少见，究其根本原因，还是因为缺乏切实可行的计划。没有计划导致了行动没有条理、缺乏头绪，工作就带上了很强的随意性，往往会出现什么都想做，却什么都做不好的情况，更会影响目标的实现。

想要解决这样的问题，就应当学会制订计划。计划可以为如何行动提供一份具有参考性的模板，对我们解决行动中发现的实际问题很有帮助。比如在上面的案例中，王先生就可以先制作一份管理计划去管理和协调下属的工作，使得每个下属都能分配到明确的任务，各司其职，并且出现问题就能立刻找到负责人来解决，这样就不会出现动不动就临时抽调人手四处"救火"的情况了。

另外，王先生还需要制作一份业务管控计划，有序指导产品生产的问题，使得一系列过程有章可循、丝毫不乱，对于多个业务、多个订单，王先生还要分别制作子计划。制作这些计划有利于他安排好时间，避免业务之间、订单之间发生时间上的冲突，公司上下也可以根据计划按部就班、有条不紊地完成各项任务。

此外，王先生也不能忘记制订个人的工作计划。这种计划需要细化，不仅要定出月计划、周计划，还要制定出每天的日程表，这样才能把每天要处理的事务理清楚，安排好各项事务所要分配的时间和精力，避免在琐碎的环节浪费时间。这一点对于像王先生这样的企业经营者和管理者来说尤为重要，因为他们还肩负着为企业确定发展方向、制定管理框架的重要任务，所以一定要把时间和精力投入到最应该做的事情上。

具体来看，年度计划、月度计划、周计划、日程表可以按照这样的方法去制订。

▶ 年度计划

在每年年终，我们可以为下一年的工作、学习和生活制订计划。在此之前，我们需要回顾和反思过去一年的整体情况，并把自己体会到的成就、缺憾、优点、缺点记录在纸上。然后我们可以对未来一年将要面临的机遇和挑战做出分析，再和年度目标进行对比，看是否需要对目标进行调整。

之后，我们就可以从目标出发，对自己准备投入的事项按照时间轴分成每个季度需要做的事情，然后大致分配到 12 个月中，为之后制定月度计划做好准备。

▶ 月度计划

在每个月的月末，我们也要反思上个月的工作、学习和生活情况，把自己的收获列举出来，同时也要找出那些让自己最遗憾的事情，然后据此修正自己的月度目标，再从月度目标出发，找出本月准备投入的事项，对它们进行梳理和分类，这样我们的思路就会变得更加清晰。

之后我们可以将对这些事项预估所需的时间一一填在月度计划表中，对于其中的重点任务我们还可以加上标记或涂抹上鲜艳的颜色以引起重视，使我们能够集中精力优先完成这类任务。

▶ 周计划

根据月计划，我们可以列出每周最重要的事情。这种事情不宜太多，以免造成精力分散，一般以3~5件事为佳，它们就是我们在一周时间内要对付的"硬骨头"。为了敦促自己坚持去完成这些事情，我们可以在周计划中自己制作一个"签到表"，如果每天按照要求完成了既定的任务，就在签到表上打上"√"；假如某天因为客观原因无法完成，一定要在签到表上写上具体的原因，并且在第二天还要注意补上没有完成的任务量。如此坚持一周，被填写满的签到表就会让我们获得一种成就感，让我们更有动力坚持其他计划。

▶ 日程表

在结束了一天的工作、学习之后，我们可以为第二天要进行的各项事务制订日程表。首先我们可以把自己能够想到的要做的事情都写在纸上，在这个过程中不用费力去思考事务的重要性，只要能想到的都可以写出来。接下来，我们再花十几分钟时间对这些事务进行排序，把紧急又重要的事情排在最前面，同时每件事物的后面要写上自己预估的完成时间和难易程度。这样不但能够避免遗漏，还能够让我们的工作效率得到提升、执行力得到提高。

总而言之，学会制订计划是非常重要的。"凡事预则立，不预则废"，无论做什么事情，我们都应该先制订计划，这样就容易通过行动取得良好的结果。不过也有些人会说"计划赶不上变化"，所以他们在行动前会忽略制订计划的环节。但实际上，这只是庸人之见。因为我们在制订计划的过程中必然少不了对未来做一些初步的预测，比如哪些问题可能突然出现、可以采取哪些措施去预防或补救，这些预测都可以写进自己的计划中。这样在行动中遇到类似情况时，我们就能更好地应对了。相反，如果我们连最基本的计划都没有，一旦情况发生了变化，就只能被变化打个措手不及，根本不知道该如何应对。

还有一些人觉得自己已经够忙碌了，不想花时间在做计划上，这其实也是错误的观点。如果我们掌握了制订计划的方法，其实用不了多少时间就能够制作出一份大致的计划方案。然后我们可以通过行动去检验计划中的各项安排是否合理，如果有不合理的地方，进行调整或漏洞弥补就可以了。随着计划的日渐完善，我们的行动也会更加得心应手，对于时间的运用也会更加合理，这样反而能够为我们节省大量的时间。所以我们不能吝惜制订计划所需的时间，因为它能让我们拥有更加强大的执行力。

简单有效的计划可以事半功倍

在了解了计划的重要性后，我们可以试着为某个目标制定一份计划。一定要注意不要想得太细，更不能把每一分、每一秒都计算在内，让自己没有休息和放松的时间，最后做出的计划厚度达到几十页、内容密密麻麻，这些反而在行动中成为负担。

以下是一位普通上班族的运动计划表。

6：00　起床，必须做10分钟热身运动（包括扩胸运动、扭腰运动、弯腰运动、全身跳跃等）；

6：20　下楼，慢跑半小时；

6：50　洗漱、更衣、吃早餐；

7：30　必须走路上班，加强锻炼；

8：30~12：00　工作，每隔半小时必须起来休息10分钟，保持站立姿势，并可以做一些伸展运动；

12：00　吃午饭，注意控制热量；

12：30~13：30　在公司楼下健步走，先慢后快。回公司时必须走楼梯，加强锻炼；

13：30~18：00　工作，每隔半小时必须起来休息10分钟，保持站立姿势，并可以做一些伸展运动；

18：00　必须走路回家，加强锻炼；

18：30　准备晚餐、吃饭；

19：30~20：30　下楼散步；

20：30~22：00　在家做运动（跳健美操或用跑步机锻炼）；

22：00　洗澡，之后做全身舒展运动；

23：00　睡觉。

在这份计划中，我们可以看到这位上班族对于制订运动计划非常用心，在几乎没有放过任何可以利用的时间，将自己的日程安排得十分复杂，但是这样做也会产生很多问题。一方面，过于复杂的计划会增加她在行动中的焦虑感、直接削弱她的自控力、引起拖延，严重时还可能让计划全面失控；另一方面，计划做得太细，不给自己留下一些喘息的时间，对精力的恢复也很不利，会让她感觉疲劳过度、身体虚弱，严重时可能会引起各种身心问题。

由此可见，在制订计划时要注意适度，不能追求事无巨细，要把"简单""清楚""明确"作为制订计划的原则，这样才能更好地引领我们的行动方向。

以下两点可以帮助我们做出更加简单有效的计划。

▶ 尽量用一张纸的篇幅做完计划

世界级的管理大师彼得·德鲁克曾经提出过这样一个观点：再复杂的计划，都能用一页纸说清楚。有人对此提出了质疑，德鲁克就提出了一种"OGSM"的简明计划方法，这个方法也可以用在工作、学习、生活的各个方面。

OGSM 的 O 指的是 Objectives（长期目标、使命），是我们在制订计划时应当始终遵守的方向；G 指的是 Goals（短期目标），是我们在制订计划时应当关注的基础；S 指的是 Strategies（策略），也就是我们为了达成近期目标准备采取的措施；M 指的是 Measures（衡量），也就是衡量上述策略是否有效的指标。通过 OGSM，我们就可以抓住一份计划应当包含的要点，也能够将自己的计划用最简单、清楚的形式表现出来。

需要注意的是，在给出"策略"这一环节，我们要注意避免出现模糊不清的内容，比如学习计划不能使用"多学点""多做点习题"这样的模糊语句，而是要给出清晰的要求，比如"每天晚上至少做 50 道练习题"，这样我们就能对自己应当怎样行动以及如何才能达到标准一目了然了。

▶ 用"如果……就……"的句式来代替"必须……"

在制订计划的时候，很多人喜欢用"必须……"的句式来书写对自己的要求，他们认为这样会让自己产生一种压力，能够督促自己自觉行动。比如在上面的例子中，那位上班族就写下了"必须走路上班""必须起来活动"等计划，可是这种句式也会在不知不觉中激发出抵触心理，如此一来，执行计划就会慢慢地变成一种不情愿的事情，除非我们的意志足够坚定，否则可能很难坚持下去。

我们不妨换一种表述方法，用"如果……就……"来重述同样的要求。比如在计划中写上"如果晚上回家后比较空闲，我就做一个小时的健美操运动"，这样就能够把难以接受的"命令"变成了一种带有自由意愿的"选择"，会让我们在行动时感觉轻松很多。

不仅如此，因为"如果……就……"的句式中带有对时间、地点的具体说明，还会给我们形成一种心理暗示，使我们到了那个时间、那个地点后就会在潜意识的影响下自觉行动。因此，我们可以将制订好的"如果……就……"计划反复对自己多念几遍，使心理暗示得以增强，执行计划时就更不会觉得费力了。

最大限度地利用排序

今天该做哪些事情？本周应该完成哪些任务？本月又该达成哪些目标？这些问题看似简单，但很多人在行动的时候并没有清楚的认识，这就是因为他们不懂得计划，更不会为所有的任务进行排序，导致他们在行动时注意力分散、思维漫无边际地胡乱跳跃。有时候手头正在做着工作 A，脑子里却又担心着工作 B，可真要是为工作 B 开始行动了，又会不由自主地挂念着工作 C，结果一天下来，什么事情都干不好，出不了结果，执行力也是异常低下。

要想解决这个问题，我们不仅要学会对自己的工作、学习任务进行计划，还要学会对要处理的任务进行排序。排序也是制订计划过程中非常重要的工作，善于排序的人，制订的计划会更有条理，行动的时候头脑会更加清晰，效率也会更高。

在一家销售公司里，一天，业务员小郑又遭到了主管的批评。原来主管让小郑同时处理两个订单，一个比较重要也比较紧急，一个相对不太紧急。小郑需要和上游的供应商、下游的分销商打交道，有时可能还要亲自前往对方的公司沟通。按理来说，这些任务虽有一些难度，但小郑只要多花点心思，就能处理好。可是让主管气愤的是，那个紧急的订单都快要超期了，小郑却还没从供应商那里接收到货物，分销商也急得要命，天天打电话来公司投诉。主管问小郑是怎么回事，小郑却委屈地说："我也没有三头六臂啊，还有另外一个单子等我处理呢，我总得花时间去联系啊。"

主管无可奈何，只好另外委派了一位老练的员工老吕和小郑一起想办法，这才算解决了问题。事后，主管批评了小郑，还让他多学学老吕是怎么做事的，让老吕教教他怎么提升自己的执行力。

小郑其实也对老吕快速、果决的执行力十分羡慕，他向老吕请教，老吕微笑着拿出了一份任务计划表给小郑看，只见上面竟然列出了7个工作任务，有3个销售订单、2个客户投诉、1个上级交办的其他事务，还有1个公司培训任务。小郑看过后惊讶不已，连忙问老吕："你忙得过来吗？"

老吕不慌不忙地说："我都是先对任务进行排序以后，再去着手行动。你看这里有个非常紧急的销售任务，我把它放在第一位，每天一上班就抓紧处理跟它相关的事情，紧盯上游，适时催促，让他们尽早把单子赶出来；剩下的任务也按这样的方法，先做重要的、着急的，再做次要的、不着急的。如果实在来不及，我还会和上级沟通，将一些不太紧急的任务——比如培训任务适当延长一些时间。还有，有的时候我想联系对方，可能不会马上得到回复，利用这个等的时间我就可以去处理客户投诉之类的任务。怎么样，是不是特别简单？"

小郑听后茅塞顿开，赶紧回到自己的座位上，拿出计划表开始对任务排起序来。

在这个案例中，小郑因为在行动前不会做计划，也没有对自己要进行的任务进行排序，所以做起事情来胡子眉毛一把抓，毫无条理，结果耽误了正事、引起了上级的不满。相反，经验丰富的老吕用排序的办法做好了工作计划，然后从容应对，处理好了一个又一个的任务。

事实上，我们在日常的工作、学习中，也常常会遇到一堆任务在手的情况，但我们的精力和时间又是有限的，任务再多也只能一件一件地去处理。这时，我们就不妨参考老吕的做法，给任务做一做排序，从而找到合理的行动顺序，让自己的行动效率和条理性都得到提升。

在给任务排序的时候，我们可以仿效老吕按照重要性来排序的做法，也可以按照其他的方法来排序，具体的方法如下。

▶ 按照任务状态、耗费时长来排序

这种排序方法是按照任务进展情况和耗费的时长来进行排序。比如在每天开始工作的时候，我们可以先把手头任务的进展情况先整理一遍，然后将一些进展到一定程度、只要稍作调整，用不

了多少时间就能完成的任务优先完成。之后，我们可以将进行了一半、还需要做些较大改动，可能需要花费较多时间的任务放在后面。

最后，如果当天还有时间的话，我们就可以将一些尚未开始的任务理出头绪，为第二天的工作打好基础。

▶ 按照任务类型来排序

对于手头杂乱无章的各种任务，我们还可以根据类型来排序。比如我们可以将每天的工作任务分成日常周期性的工作、任务性的工作和突发性的工作这几大类。日常周期性的工作有每天统计考勤、参加例会、上交工作报告等，这类工作虽然不太重要，但一般有确定的时间规定，我们可以定好工作闹钟，提醒自己及时完成，但不必一整天都挂念着这些任务，而要把主要的精力留给另外两个类型的任务。

我们常常会接到一些突发性的工作任务，这种任务在我们的工作计划之外，但一般都要求尽快完成并向上级汇报，所以对于这类任务我们可以进行优先处理，并且要拿出效率来，争取用最短的时间处理完毕，以尽量减少对原定工作计划的干扰。在处理好这类任务后，我们就可以从容不迫地处理任务型工作，这类任务都是可以提前预见并安排好的，我们可以先确定好工作目标、完成周期，再按部就班地行动。另外，在任务的里程碑、关键点上，可别忘了向上级汇报进展，这样不仅能够让沟通畅通无阻，还可以彰显出我们的执行力。

▶ 按照任务的重要性、紧急性来排序

按照重要性、紧急性排序也是很常用的排序方法，这种方法也叫四象限法则，是由美国著名的管理学家史蒂芬·科维提出的。简单说，就是把所有的任务按照"重要"和"紧急"两个维度来进行分类。第一类是既重要又紧急的任务，我们可以把它们叫作 A 级事务，应当优先处理；第二类是重要但不太紧急的任务，我们可以把它们叫作 B 级事务，可以在处理完 A 级事务后再处理；第三类是不重要但紧急的任务即 C 级事务，我们可以在处理 B 级事务的空档处理这类任务，争取尽快完成，但不用投诸太多的精力；最后一类任务是不紧急也不重要的任务，即 D 级事务，我们可以先把它们搁置到一边，等其他任务都完成之后，再不急不忙地去处理。

从这种分类方法我们可以看出，想要提升执行力，就要注意分清楚"要事"和"急事"，要始终坚持"要事为先"的原则，才能产生事半功倍的效果。

给你的 A 级事务列出子计划

在给各项事务排序之后，我们就可以列出总的计划了，然后按照已经排出的顺序，依次完成各项事务。如果我们是按照重要性、紧急性来为任务排序的话，此时我们应当优先完成 A 级事务。同样，为了让任务的完成更加顺利、高效，我们也很有必要为每一个 A 级

事务列出子计划。

吴涛是一名大四学生，即将面临毕业的他早已养成了凡事做计划的好习惯。通过周密的安排，他不但在学业上取得了好成绩，也没有耽误找工作：他用业余时间参加了校园招聘会，找到了一家心仪的用人单位。

现在吴涛准备处理以下几件事务。

1. 准备材料，与用人单位签署三方协议（不需要花费太多时间就能完成，但非常紧急）。

2. 到外语学院学习，准备考取证书（已经报名，必须按时上课，如果缺课会影响成绩）。

3. 完成一篇毕业论文（刚刚确定选题方向，需要从头开始写作。在毕业前必须上交，期限为两个月）。

吴涛认为这几项可以算是自己当前要解决的 A 级事务，都需要给予足够的重视，所以他分别为这几项任务制订了计划。就拿写毕业论文来说，为了让自己能够更好地完成这个任务，吴涛以周为单位给自己制订了详细的写作计划。

吴涛将论文写作计划分成以下几个阶段。

第一阶段：查资料、确定方向。

第二阶段：写作、润色。

第三阶段：找老师修改。

第四阶段：排版、成稿。

在查资料的阶段，吴涛给自己留出了两周的时间到图书馆收集资料，同时还到一些文献网站上搜集了大量相关的文章。在阅读和学习后，吴涛觉得自己的思路变得更加清晰了，他还写出了一个大致的提纲。

在正式写作阶段，吴涛给自己留出了四周的时间，并且严格规定了截止日期以尽量减少拖延。因为之前的准备比较充分，提纲也能够很好地引领思路，所以在这个阶段，吴涛遇到的困难是比较少的，最终他在截止日期前就完成了论文。

在剩下的两周时间内，吴涛先是征求了老师的意见，然后对论文中的一些问题进行了修改，又补充了一些内容；之后他给论文加上了目录、参考文献，进行了排版、打印，终于圆满地完成了论文写作的任务。

吴涛在完成各种任务时，非常善于抓住重点，他不但会制订总体计划，还会为重要的 A 级事务制订子计划，这无疑让他在行动时更加从容有序、条理分明。

从吴涛做计划的方法中我们能学到以下几点。

▶ 不要让自己的 A 级事务堆积过多

A 级事务是对我们来说最重要也最紧急的事务，成功完成后会给我们带来较大的收益，若是完成失败或不能及时完成则会产生严重的后果。所以我们一定要先把 A 级事务筛选出来，对于 A 级事务我们要做好子计划，争取尽快解决，不要让手头堆积太多未完成的 A 级任务，否则会让自己感觉分身乏术、筋疲力尽。

在具体制订子计划的时候，我们可以准备好几张白纸，在第一张纸上做好总的计划，然后在另外几张纸上做子计划（有几个 A 级事务就做几个子计划）。在每个子计划中，我们可以先列出自己准备采取的行动，再对这些行动进行排序，或者将一些重复的内容删除或合并，也可以想出一些新的项目进行补充。通过制订这样的子计划，我们可以梳理好纷乱的头绪，也就能够对如何开始行动有大概的把握。

▶ 学会抓大放小

制订子计划也要以简单有效为原则。要学会抓大放小，即以完成目标为大方向，所有安排不要偏离大目标和总体计划；同时不要过多涉及细节，以免让计划的难度加大，使自己产生不必要的负担感。为此，我们可以拿起子计划，仔细分析每一项行动，并问问自己是否真打算在该项行动上投入至少 5 分钟的时间，如果答案是"不"的话，就要立即删除该项行动，最终留下的就是真正有意义的行动了。

比如，一位上班族准备参加公务员考试，他想要利用业余时间自学，这个任务是他近期除了工作之外最重要的 A 级事务，于是他为这个事务做了子计划。在自学的第一周，他制订了这样的计划：周一到周三读完教材的前 20 页，并做好笔记；周四复习浏览之前所学的内容，并画出思维导图；周五到周六再学 20 页教材，做好笔记；周日复习浏览前 40 页的知识，并完成 50 道真题，之后各周他也按照这样的方法做了计划。

当然，随着学习程度的加深，学习量也会适当调整。总的来说，他的计划符合简单、清楚的要求，没有过多细节上的规定，而且任务量的安排也很符合个人能力，在行动时不会让他感到吃力，所以很容易取得比较理想的结果。

▶ 子计划中的行动要符合"可执行"的要求

在制订子计划的时候，我们还要注意让所有的要求都能"可执行"，也就是说要有具体的时间、地点、执行的方法、执行的标准等，这样才有可能将计划转变为具体的行动，否则计划就会失去意义。

比如，在一位年轻女士的减肥子计划中出现了"少吃点""多运动"的要求，但就是无法执行。她必须将其改为"每天晚饭不吃甜点、油炸食品""每周到健身房进行 3 次锻炼，每次 1 小时"等要求，才能有可能让计划产生实实在在的效果。

你需要一个"C 级事务"抽屉

A 级事务列出计划后，再回头来看自己的总体计划，可能会发现留给其他事务的时间和精力已经非常有限。并且这些时间和精力还要有一大部分分给次重要和次紧急的 B 级事务，所以 C 级事务就更不能够占据太多的时间。因此我们在制订计划时也要格外谨慎。

哈佛大学的阿兰·拉金教授给我们的建议是在计划时准备一个

"C级事务抽屉"或"C级文件夹",专门用来放置那些不重要的C级事务。这样我们在制订计划的时候,就可以主要关注A级事务,次要关注B级事务,对于C级和D级事务则可以先丢在抽屉里,稍后处理。

最初练习这么做的时候,很多人可能会产生焦虑的心理,担心自己无法完成所有的事务。可实际上,我们在制订计划的时候往往会倾向于给自己安排过多、过重的任务,所以不必非得要求自己将计划中的每一项任务都圆满完成,只要保证能够完成所有A级和B级事务以及部分C级事务就可以了。要知道,计划的目的是为了让我们的行动更加井井有条,所以只要能够达到这个目的,我们的计划就没有白费。

王薇是一位全职妈妈,她的女儿今年3岁,刚刚上幼儿园。王薇每天把女儿送到幼儿园后,还要花几个小时买菜、做家务,忙得不亦乐乎。

最近王薇迷上了做菜,她在一个菜谱网站上登记了账户,每天一有空就会上去浏览一番,再搜集一些自己感兴趣的菜谱,把它们打印下来,贴在自己的记事本中。一个月下来,她的记事本中已经贴满了将近100张菜谱了。除了这些菜谱外,她的记事本上还有一份精心制作的计划表,目标是"在半年内学会30道高难度家常菜"。在目标下方,王薇写下了搜集菜谱、学做菜、买工具、实习研究、请大家品尝之类的任务,其中搜集菜谱显然不能算是重要的A级事务,只能算是C级任务,实习研究才是真正的A级事务。但王薇并没有安排好自己的行动，每天乐此不疲地搜集菜谱，却没有真正动手去做一道菜肴。

王薇的丈夫看到餐桌上的饭菜还是老样子，忍不住开玩笑道："你不是在学做菜吗？我还等着吃你做的美味佳肴呢。"王薇也不好意思地笑了，她总是告诉自己会从网站中找到最适合自己的菜谱，可实际上，她只是在享受搜集和整理菜谱的乐趣罢了。

很多人在生活中、工作中常常也会出现和王薇一样的问题，他们因为 C 级事务更加轻松、有趣，就会不由自主地把精力投诸其中，想着把 C 级事务完成后再着手处理 A 级事务。可是这样就会本末倒置，留给 A 级事务的时间过于紧张、精力过于有限，影响行动的效果。最终 A 级事务处理不好，会给我们带来严重的后果，而 C 级事务处理得再好，也产生不了决定性的意义。

因此，我们要学会抓主要问题和重点任务，对于不重要的 C 级事务，先把它搁置到抽屉里就好，等我们有余力、有时间的时候再回头处理。事实上，有一部分 C 级事务即使被我们忽略也不会造成不利的后果。比如"在网上搜索关于一个不太重要的问题的答案""打个电话问下属一个不太重要的项目进展到了什么情况"，像这样的任务被忽略后不会造成很大的影响，可要确实去做的时候又会花费很多时间，所以我们可以把它们放在抽屉的最下层。

还有一些 C 级事务的重要性会随时间发生变化，有可能变得更加重要，也有可能变得和 D 级事务一样可有可无。比如，当汽车油箱还有一半燃油时，我们就可以把"加油"这件事列入当天的 C 级事务，如果当天有空闲的话最好能够完成这个任务，实在不行也可以第二天完成，但不能拖得太久，否则燃油全部耗费完毕，汽车半路抛锚，就会让我们变得非常被动了；再如准备给自己挑选几件春季服装，但是一直没有抽出时间，而天气又一天天转热了，"购买春装"这个任务就会变得越来越不重要。

由此可见，对于 C 级事务我们可以先观察后处理，如果害怕遗漏的话，不妨准备一张扑克牌大小的卡片，把这类事务简单地写在上面，并附在自己的计划表之后。然后每隔一段时间回顾一下卡片上的事务，把不重要的事务用黑色签字笔涂掉，再把重要性逐渐提升的事务重新记录到最新的计划表中，这样就可以最大限度地避免疏忽了。

实际上，有很多高效能人士使用过这种方法做计划和处理事务，他们发现最终被涂抹掉的 C 级事务的量远远超过重要性提升的事务量，这也说明我们在做计划的时候，不用过度重视 C 级事务，以免让众多的 C 级事务淹没真正重要的事务。

删除那些不值得的事务

在我们制订计划的时候，除了要善于给各种事务排序外，还要学会聪明地挑选该做的事情，然后删除那些不值得我们花费时间和精力去做的事情。这种做法在心理学上也是有依据的，叫作"不值得定律"，它说的是人们都有这样一种心理——如果感觉自己正在从事的是不值得的事情，就不会付出努力去把它做好，而且这种事情即使最终成功完成，也不会让自己获得很多成就感。

因此，对于那些不值得的事务，我们与其费力费神地想办法完成，还不如在做计划的时候就将它们删除，这样我们就可以把注意力集中在更重要的事情上，有助于提升我们的执行力。

进出口贸易公司的销售经理何健最近遇到了一些麻烦。他正在与一位国外客商谈判，对方是一个非常精明的老手，开出的条件十分苛刻，何健想要说服他，但无论是据理力争还是摆事实数字，对方都拒绝让步。何健对于这笔生意早已失去了兴趣，因为按照客户的报价，公司所能获得的利润微乎其微，何健个人也得不到多少业绩，可是考虑到自己已经付出了这么多努力，何健总觉得有些不甘心。

不知不觉中，何健已经产生了一种"不值得"的心态，表面上看，他还在尽力敷衍着这个客户，但实际上他早就没了最初的激情。更糟糕的是，与客户的拉锯战占用了他很多时间和精力，让他没有余力去开发新客户。

幸好何健的上级注意到了这种情况，及时地点醒了他："作为销售部门的经理，你把精力都放在一个小小的客户身上，这值得吗？你应该去联系那些大客户，他们才应该成为你的目标。"

何健顿时醒悟过来，赶紧从电脑中调出自己的计划表，将上面列出的与这个客户会面的安排删除。然后找到一名口才不错的下属，将和这笔生意有关的全部资料都交付给他，告诉他继续去和客户"打嘴仗"，但无论如何都不能接受客户开出的条件。至于何健自己，则赶紧把这件麻烦事彻底忘掉，然后努力去找能够为公司带来利润的大客户。

没过多久，何健成功地与一名新客户签了合同，赚回了比过去多好几倍的利润。又过了半个月，那位下属也给何健带来了一个好消息：难缠的客户因为急需货品，实在拖不下去了，只好接受了何健之前的方案。这笔生意最终成交了，公司的利润也没有损失。

何健与客户在谈判中陷入了没有意义的僵持，在这个时候，这笔交易就成了一件"不值得"的事情。如果何健勉强自己继续去说服客户，不但很难达到目的，还会造成时间和精力的浪费。所以在这时何健最需要做的就是权衡利弊得失，将不值得的事务从自己的计划中删除，然后找到更值得自己做的事务，并全力以赴地行动。

那么，在我们的工作、学习和生活中，都有哪些事情是不值得做的呢？

▶ 不符合个人价值观的事情

每个人都有自己的价值观，对于一件事会有不同的看法。如果正在从事的事情符合自己的价值观，自己就会愿意为之付出努力，在达成目标后也会感到分外欣喜；相反，如果正在从事的事情不符合价值观，就容易让人在行动中产生悲观、沮丧、失望、烦躁等负面情绪，执行力也会因此削弱。所以我们应当尽量避免做这类事情，在制订计划的时候如果发现这类事情就要尽早删除。

▶ 不符合个性的事情

人与人在个性方面也会有很多差异，也会由此影响人们的思维方式、行动风格。比如个性内向、不善于和别人打交道的人更喜欢从事一些独立性、思考性强的工作，要是勉强他们做一些需要交际的事务，那就会让他们感觉分外痛苦，也就无法在行动中表现出积极性；相反，个性外向、交际能力强的人很善于融洽人际关系，做一些与之相关的事情会感觉得心应手，可要是勉强他们沉下心来完成一些重复性、缺乏创意的事情就显得十分困难。由此可见，想要知道某件事情值不值得做，还要从自己的个性出发，然后将那些不符合自己个性的事务尽量删除。

▶ 不符合实际条件的事情

想要让某件事情获得成功，就必须具备一定的实际条件。如果连最起码的条件都无法满足，那么在行动的过程中就会四处碰壁，不但最终无法达到目标，还会白白损失时间和精力。比如一个为自己制订了开店计划的年轻人，手头既没有资金，也没有技术，对行业的发展情况毫不了解，更不知道该怎样做才能找到最适合自己的商业模式，像这样盲目开店就是不符合实际条件的，即使他能付出很多努力，也难以获得成功，所以他应该尽早终止这项不符合实际的计划。

除了以上几点外，我们还要学会估测每件事务的"成本收益比"，比如有的事务需要我们花费大量的时间和精力，也就是说这种事务耗费的"成本"极高，但我们能够从中取得的"收益"却微不足道，这实际上也是一种"不值得"的事情，需要删除。就像我们在某天晚上花费了两个多小时收看了一档综艺节目，这档节目制作精良、内容新颖有趣，在观看的时候确实给我们带来了很多快乐。可是一旦节目结束，我们心中就会产生一种空虚感和失落感，第二天连节目内容也想不起来了，像这样的事情就是低收益、高成本的，我们应当尽量避免去做这类事情。

经过不断地删除不值得的事务之后，我们才能把节省下来的时间和精力用于更加值得的事情上，而这也能够让自己的执行力获得显著提升。

05

第五章

保持专注，不达目的不罢休

///

为什么你容易被干扰

在行动的时候，你很容易受到干扰吗？手机传来"叮"的一声，是某个 APP 发来了一条通知信息，这条消息可能无关紧要，但你会不会马上停下手头的工作或学习，拿起手机翻看起来？本来正在为工作查找资料，结果看到了一个标题十分诱人的链接，你会不会迫不及待地点击进去，饶有兴趣地阅读起来？正在埋头苦读，忽然听见室友在门外聊天的声音，你会不会马上竖起耳朵，把注意力全部放在他们的对话内容上？

如果这些问题的答案都是"是"，那你一定是一个容易受到干扰的人。可能你也正在为自己执行力低下、效率不高而苦恼，总觉得生活中、工作中存在太多的干扰因素，影响了你正常的表现。可实际上，你有没有在自己身上寻找过原因呢？

总是对外界环境的各种干扰因素过度敏感，无法集中注意力在自己工作、学习上的人，归根结底还是因为自身专注力太差，干什么都心不在焉，才很容易受到各种人、事、物的影响，使自己没有办法定下心来为一个目标专心致志地行动。

嘉伟在某网站担任美工，他技术非常熟练，曾经也做出过让上级夸赞的好作品。可是他有一个坏毛病，就是做事不专心，效率很低。

这天，上级给他分配了一个任务，叫他改一下网站导航的样式。以嘉伟的水平，顶多半天时间就能完成任务，嘉伟就没有对这个任务足够重视，他懒洋洋地翻起了素材库。这时恰好一个朋友给他发来了一条QQ信息，说同城车友群准备搞个聚会，邀请嘉伟参加。嘉伟顿感精神一振，赶紧和朋友聊起聚会的细节来。

聊完天，已经是半个多小时后了，嘉伟摇了摇头，打算开始工作，可是刚工作了十几分钟，就听见几个男同事聊起了昨天晚上的一场足球比赛。嘉伟可是一个地地道道的足球迷，一听见那些熟悉的球星的名字，就再也坐不住了。他索性从座位上站起来，走到同事们中间，高谈阔论起来。一群人聊得忘乎所以，直到上级生气地从办公室里走出来喝止他们，他们才悻悻地散开，回到自己的座位上去了。

就这样，嘉伟总是工作了没一会儿就被各种各样的事情打断，根本无法将精力在集中工作上，原本半天能结束的任务，拖到了第二天下午才完成。他把改好的导航样式发给了上级，上级一看，十分生气。原来上级在布置任务的时候提出了几点要求，嘉伟却因为没有专心听遗漏了很多细节，结果修改后的导航样式更糟糕了，还不如之前。上级严厉地责备了嘉伟，嘉伟还觉得自己很冤枉，为自己辩解道："这真不能怪我，我也想专心行动的，可是别人总干扰我。"

嘉伟将自己无法专注的原因一味归结于受到他人的干扰，这是一种片面的看法。事实上，谁也不能保证自己在行动过程中不受到干扰，但是专注力强的人就会自动忽略或屏蔽干扰因素，使自己能够将全部的注意力集中在要处理的各项任务上，所以干扰因素并不会对他们构成太大的影响。反倒是像嘉伟这样专注力差的人，才会不由自主地被干扰因素带走注意力，让行动效率大大下降。

由此可见，想要避免被干扰，最根本也是最重要的办法还是要提升专注力。专注力也是培养和提升执行力必不可少的一种能力，它能够让我们将散乱的意识集中，让我们在行动时全神贯注而不会被身旁的纷扰所动。只有我们不断提升自己的专注力，才能集中精力去分析问题，也才能够找到行动的正确方向和方法。但是现在越来越多的人发现自己很难保持 5 分钟以上的专注状态，以至于专注力被一些心理学专家称为"这个时代最稀缺的心理资源之一"。

那么，我们应该怎么做才能拯救自己的专注力呢？

▶ 用积极的目标来督促自己

所谓积极的目标，就是有助于提升专注力和执行力的目标，它可以让我们获得一种有益的督促，让我们能够在某段时间内思想保持高度集中。为了确立这样的目标，我们可以在行动前先问自己："我准备从这个工作（学习）任务中获得什么"，当我们能够清楚地说出答案的时候，就能够获得这个目标，并且可以为自己带来不少动力，让自己在行动期间比往常更容易变得专注。

▶ 通过有趣的训练提升专注力

专注力是可以通过训练来得到提升的，而且很多训练并不像我们想象的那么乏味，完全可以通过有趣的小游戏、小测试来进行。比如在一张纸上画上方格表，再在方格内随机填写各种数字，想要锻炼专注力的人需要在限定的时间内，用最快的速度从最小的数字读到最大的数字。像这样的训练就能够迫使自己必须集中注意力，才能达到目标。

另外我们还可以用"猜字"游戏来提升专注力，方法是请家人、朋友用手指在自己的背上写字，然后根据笔画走向猜猜这是一个什么字，这个游戏也需要我们心无旁骛才能猜准答案，所以经常练习，对于提升专注力也很有帮助。类似这样的游戏还有很多，我们可以给自己设置合适的难度，在轻松的氛围下进行训练，这会让我们在不知不觉中成为一个有较强专注力的人。

▶ 提升对自己抗干扰能力的信任

专注力不佳的人常常会有一种不自信的心理趋向，他们在为某些目标开始行动的时候，可能会这样想："希望我不会受到什么干扰，否则我一定会开小差的，因为我一向都不能集中自己的注意力。"带着这种想法去行动，无疑是在对自己进行持续的消极暗示，遇到任何干扰都会分心，让正常的工作或学习节奏被打断。

要想改变这种情况，就要停止对自己的不良暗示，代之以积极的自我鼓励。比如在行动前可以反复对自己说："我的抗干扰能力很强，我能够专心完成这个任务。"这种意识强化能够产生一种积极的促进作用，让我们迅速提高集中注意力的能力，有助于我们摆脱和排除各种干扰。

▶ 清除来自外界的干扰因素

要想不在行动中屡屡受到干扰，还要注意清除各种来自外界的干扰因素。有些高效能人士在行动前会做这样的准备工作：清理办公桌上所有与完成任务无关的东西，甚至连一张旧报纸也不会留下，因为不小心读到了旧报纸上的新闻，也有可能引起脑海中的杂念。

另外，如果没有急事需要联系的话，他们甚至可以关闭网络，以免受到外界信息的干扰。这样做的目的只有一个：杜绝干扰，让自己可以高效行动。

▶ 让内心变得平和宁静

在清除外界的干扰因素之余，我们还要注意排除内心的干扰，而这需要我们在行动前调适自己的内心，让激动、焦躁、烦闷之类的情绪先平复下来。等到内心世界变得平和宁静的时候，再集中精神在眼前的任务上，往往更容易保持专注。

心理学家还建议我们在行动前先用几十秒时间来调整呼吸，这可以帮助我们缓解不良情绪，让我们进入一种适合行动的状态。具体进行的时候，我们可以先自然地深吸一口气，吸气的同时感觉自己的腹部慢慢鼓起，整个过程耗时约为 4 秒，这个吸气动作能够让我们体验气体进入肺部使其充盈的感觉，也可以起到舒缓焦虑的作用；之后我们可以屏住呼吸 3 秒钟，再自然、舒缓地慢慢呼气，直到把刚才吸入的空气全部呼出。我们可以连续进行 5 次这样的深呼吸，它们可以起到减慢心律、降低血压的作用，也能让我们忘掉心中的压力，更加从容地投入到工作或学习中。

除了上述几点外，我们还要注意处理好工作、学习与休息的关系，因为休息不足、精神困乏，也会影响我们的专注力，所以我们要通过制订科学的计划，调整好自己的工作、学习、生活节奏，使自己能够在放松的时候充分释放压力和烦恼，到了该行动的时候集中精神、全力以赴，专注地完成所有的任务。

培养有条不紊的自制力

在行动中缺乏自制力是我们无法保持专注的一个重要原因。所谓自制力，就是能够自觉地控制情绪和行为。自制力强的人，能够抑制住那些让自己分心的行为和情绪，因而能够始终如一地坚持行动；而那些缺乏自制力的人，则很容易冲动、情绪化，行为和习惯也会缺乏规律性，在行动中很难集中心思，因而也很难实现自己的目标。

陈星在一家私人企业担任出纳。2017 年，她萌生了报考注册会计师的想法，就购买了一大堆教材，还准备利用业余时间在网络学校的基础班接受补习。

在学习第一遍时，陈星给自己制订了详细的学习计划，对每天的学习任务都有明确的规定。她的想法是对照着网络学校的视频课件学习教材，可是老师讲课的语速有点慢，没过一会儿她的思想就开小差了。

陈星一边侧耳听着老师的讲授，一边拿起了手机，给自己拍了两张美美的照片，再加上漂亮的滤镜，发到朋友圈，写上"正在学习的我"，引来了一片点赞和评论。陈星带着满足的心情，一一给朋友们写回复，一转眼一堂视频课已经上完了。可是陈星发现自己什么知识点都没记住，只好再从头开始学一遍。

第二次学习时，陈星又开始分心了，她情不自禁地刷了半天的网页，又看了最新的电视剧介绍，等到视频课结束仍然没有收获。眼看着时间已经很晚了，陈星得赶紧洗漱上床睡觉，第二天还要早起上班。临睡的时候，陈星忍不住狠狠地把自己骂了一顿，说自己"没有自制力""动不动就开小差"，还发誓说"明天晚上一定好好学习"。没想到第二天学习时她又故态重生，哪怕她再三提醒自己要专注于学习，却还是无法控制自己的思想和行为。

很显然，陈星就是一个典型的缺乏自制力的人，她不善于控制自己的情绪、约束自己的言行。在学习过程中，她抑制不住与学习目标相违背的想法和行为，因此反复出现问题，使自己无法完成预定的学习任务。

要想提升专注力、避免像陈星这样在行动中分心，就要学会在无法专注的时候及时"踩刹车"，好让自制力帮助我们控制自己的思维，做到专心致志、高效行动。有的人可能会对此产生怀疑，其实人的大脑是具备这样的潜质的，我们完全可以通过强化自我意识来增强自制力，让自己变得更加专注。

具体来看，我们可以通过以下几种方法来培养和增强自制力。

▶ 从关注某些事情开始

培养自制力可以从关注某些事情开始。在关注的过程中我们容易发现自己在思想和行为上的偏差，这时候就可以着手进行调整。这种观察法也可以用在他人身上，比如我们观察到他人在行动中存在的不好的地方，也可以记下来提醒自己不要犯类似的错误。当然更多的是要观察他人做得好的地方，看看他们是如何保持专注并能够屡屡在工作、学习中取得较好成绩的，其中很多好的做法都值得我们参考和学习。

在这里，观察自己和他人的行为本身就是一种使用自制力的开始。如果我们能够把这种关注坚持下去，自制力就能够在不知不觉中不断提高，也能够让我们更好地掌握自己的想法，不会让它不着边际地蔓延开来变成"白日梦"，以致影响到我们的执行力。

▶ 学会集中精神做事

有的人在做事情的时候，总是半天也做不到点子上，这除了与没有掌握正确的方法有关外，还有可能是精神不够集中的原因。我们在集中精神的时候，会记住自己行为的每一步骤，也知道这个步骤会给下一步骤带来什么样的结果，我们还可以根据结果随时调整自己的行为，使得最终的结果更加符合我们想要达到的目标；可要是精神不集中的话，步骤与步骤之间的联系就会变得脆弱，结果也不再具有可控性。

因此我们要锻炼自己的专注力，使得行为和大脑活动高度和谐统一。当然，一开始肯定很难达到这一点，那么我们可以从短期训练开始。比如可以训练自己在 1 分钟内保持专注，之后逐渐延长时间，直到自己在较长的一段时间内也能够专心致志、集中精力做事。如果有某一天觉得保持专注比较困难，不要强迫自己必须专注，可以适当让自己放松一下，使紧张的神经获得松弛，第二天再开始专注的训练，这样效果就会更好。

▶ 学会控制自己的情绪

自制力差的人，往往很难控制自己的情绪，可能遇到一些小问题、小挫折就会陷入激动、愤怒、沮丧、焦虑、悲伤的情绪难以自拔，这样不但无法在行动时做到专注，还会白白耗损自己的精力和体能、削弱自己的执行力。在现实生活中，我们常常会看到很多做事情不专注的人都有过于情绪化、易激动的特点。相反，没有这些问题、情绪良好、性格稳重的人，则更容易专注于某件具体的事情。虽然这种结论不是绝对的，但确实有大量研究表明易激动、情绪化的人能专注于某一件事上的时间很零碎、反复无常，再加上他们不能控制自己的消极情绪，所以到了情绪低谷的时候就更难保持专注。

　　因此，要想培养自制力、提升执行力，还要有意识地控制自己的情绪，而这可以通过一些小技巧来实现。比如在准备发怒之前不妨先"踩刹车"——默数10秒，然后再说话或行动，这样就可以让大脑中那根紧绷的神经松弛下来，有助于避免情绪过度爆发。另外，我们还可以找一件别的事情转移自己的注意力，像看电视、听音乐、唱歌这类轻松的事情都能够对坏情绪起到一些缓解作用，也能帮助我们成功地实现情绪自制。

　　总之，成功的人总是能够控制自己的思想和行为，使自己的执行力越来越强。我们也要增强自制力，使自己能够在行动时非常专注，这样才能把每一件事都做好，而且还不会耗费大量的时间和精力。

提升专注力，让效率扬帆

　　专注，意味着我们能够更好地管理自身、能够集中自己所有的意志和能量用于至关重要的目标或事情上，让自己的行动效率大大提升，因而能够不断增加自己成功的机会。

　　专注对于效率的提升作用是非常显著的，那些工作效率很高的人能够在单位时间里完成更多的工作，取得更好的成绩的原因就在于他们的专注。专注让他们可以把自己的时间、精力、智慧凝聚到行动上，因而能够最大限度地发挥自己的积极性、主动性和创造性。相反，专注力较差的人，总是分心，不但浪费了时间和精力，也无法发挥出自己全部的才华，效率低下也是很自然的事情了。

　　美国新泽西州有一位年轻的创业者威尔·约翰逊，他刚满 24 岁时便通过个人努力创办了一家网络服务公司。为了让公司发展步入正轨，约翰逊花费了很多时间和精力。他几乎吃、住在公司，每天工作时间超过 14 小时，每周工作 6 天，仅有的一天休息时间也尽量留在公司，以便应对可能出现的突发情况。

　　尽管如此，约翰逊却遗憾地发现公司业绩提升缓慢，而他自己的工作效率也越来越差。虽然他强迫自己一直坐在办公桌前，可是他的注意力很难集中到要开发的程序上，总是不知不觉地分心想起与工作无关的事情。

　　约翰逊为此十分苦恼，他把自己遇到的问题告诉了几个朋友。一位朋友对他说："工作时间再长，却不能保持专注，那其实没有什么实际的意义。我觉得你可以先提升自己的专注力，这样哪怕你每天只能专注工作 4 个小时，也会比现在效率更高。"

　　约翰逊接受了朋友的建议，开始改变工作方式。他先是把每天的工作时间控制在 10 个小时以内，每周的工作时间严格控制为 5 天。一到周末他就去和朋友聚餐，或是回到自己的家乡探望父母和亲友。等到周一回到工作中的时候，他就全力以赴、专心致志地工作，觉得精力无法集中就稍微休息一会儿，等到状态恢复后再继续工作。如此试行了一段时间后，他惊喜地发现自己的工作效率大大提升，以前需要一星期时间才能处理完的事务，现在最多 3 天就能处理好，而且做事的效果也比过去好了很多。与此同时，公司业绩也开始了迅速增长，两年后，约翰逊的小公司已经获得了超过100万美元的营收，他本人也成了人们眼中的商界成功人士。

约翰逊改变了自己的工作方法，让"容易分心、效率低下"的工作状态变成了"专注工作、效率飞扬"的状态。专注让他能够保持精力高度集中，可以充分调动自己的知识和智慧并且能够避免有限的精力被浪费，让他能够用最短的时间、花费最少的精力解决问题。

这个案例对我们也有很多启发。如果我们有执行力差、效率低下的问题，就应当进行自我反省，看看是不是在工作和学习中没有做到专注一心。如果确实存在这样的问题，我们就应当注重从专注力入手去提高效率，才有可能产生实际的效果。

以下是一些有助于提升效率的小窍门，经常使用，不但有助于提高效率，还能让我们的专注力和执行力变得更加强大。

▶ 用早起增加成就感

人们常说："一日之计在于晨"，清晨是一天中非常重要的时间段，我们最好不要轻易地将它浪费。如果平时习惯晚起，不妨试试把闹钟调早半个小时，过一段时间后，再调早一个小时。如此循序渐进，让自己养成早起的习惯。

早起之后，先不要急着工作，可以练习跑步或是一些简单的伸展动作，这样不但可以赶走大脑里昏昏沉沉的感觉，还能够建立一种成就感，让自己以饱满、高效、专注的精神状态对待一天的工作或学习。

▶ 加快动作和语速

如果发现自己有效率低下、行动迟缓的问题，我们可以通过有意识地加快动作和语速来获得改进。比如我们可以加快自己走路的步伐，让自己步履轻快又有力量，这会给自己带来一种富有干劲的感觉，也能够造成紧迫感，有助于集中精力做好事情。同样，我们在说话的时候，也可以适当加快一点语速、提高一点音量，让自己显得朝气蓬勃，而这也会反映到做事风格中，让我们的效率有所提升。

▶ 将工作、学习和休息分开

很多人在工作、学习中之所以效率低下，是因为他们没有把握好行动与休息的关系，该行动的时候总是想着开小差，让自己放松，该休息的时候又挂念着没有完成或没有做好的任务。这样的结果就是既没有做好事，也没有休息好，会让自己困顿不堪、意志消沉、情绪低落。

因此我们要学会划分行动与休息的界限，如果在行动中总是无法集中注意力，想要分心，那么不妨先稍微休息一下，不要强迫自己去工作；同样，如果在休息的时候放不下心里的任务，那就赶紧回到桌前开始行动，等到任务完成后再踏踏实实的玩耍、休憩，这样效率才能得到提升。

▶ 集中处理琐事

在每天的工作、生活中，常常会出现很多琐事，像装订卷宗、制定考勤表、倒垃圾、修理门锁等都可以归入"琐事"的范畴。这类事情虽然意义不大，但又不能不去完成；可要是一会儿完成一桩，又会让正常的工作流程被中断，还会让我们的专注力减弱。所以我们不妨找一个比较轻松的时段，将这些琐事集中在一起一次解决，不仅心理上少了不少负担，工作效率也会提高不少。

通过以上方法，我们的效率开始出现了增强，这时还要注意尽可能地维持高效率的状态。我们可能都有过这样的经验：在集中精力、高效工作或学习了一段时间后，如果出现了什么事情让我们分心了，等再回到眼前的任务中，就会发现自己很难找回之前的状态了。正是因为这种高效率的状态很难保持，所以我们才要更加珍惜它；而这也需要我们用专心致志来要求自己——减少一些分心的可能，高效率的状态才能维持更长时间，也才能够带给我们更多的收益。

同一时刻，只专注一件事

你是不是喜欢同时处理几项任务，以为这样可以达到事半功倍的效果？在现实工作和学习中，有不少人喜欢这种"多任务"行动模式，他们会在写一份报告的过程中收一下邮件、再回答一下客户的问题，视线在 QQ、Word 文档、Excel 文档之间来回切换，鼠标飞速点击、手指敲打键盘……

这种多任务同时处理的办法，从表面上看好像能够让自己满负荷行动，节省时间、提高效率。可事实上，我们的大脑并不适合同时多任务运转，因为人脑毕竟不同于电脑，电脑是可以进行多进程自由调度的，每一个进程不会互相干扰。可当大脑处理不同难度的任务的时候，专注力会发生耗散。本来我们正在思考一个问题，已经接近相当深度，很有可能马上就要获得一些有价值的东西，结果为了其他任务，我们不得不中断这个过程，强迫大脑开始思考新的问题，认知过程就需要重新启动。如此反复多次，大脑就会变得越来越疲惫混沌，认知能力也会下降。更严重的是，我们的专注力也会因此而被不断削弱，使我们在处理任务时更加无法集中精力。时间长了，我们的认知就会越来越肤浅，执行力也会越来越低下。

琳琳是一家公司的职员，她每天要处理的工作量不算太多，可是效率却不高，经常无法在下班前按时完成任务，而且工作质量也只能算一般。

被上级批评了几次后，琳琳开始反思自己的工作方法，还和一些表现优秀的同事进行了对比，最后终于发现了自己身上存在的问题。

原来琳琳在工作中总是喜欢"一心多用"。每天一到公司，她就习惯性地打开电脑上的音乐播放器，放一首自己喜欢的流行音乐，然后戴上耳机，在音乐的陪伴下制作表格或撰写材料。可是乐曲中的歌词常常会破坏她的专注力，让她把注意力不知不觉地转移到歌词上去，手头的工作一次又一次被打断。

还有些时候，她喜欢同时处理好几项任务，在电脑上打开好几个窗口，让自己的思绪从这个任务快速转移到另一个任务。她本以为这样可以帮自己提升工作效率，可实际上，她的注意力很难集中在某个工作任务上，没一会儿工夫，她就觉得大脑十分疲劳，思路也渐渐变得模糊。

就因为每天在工作时一心二用甚至一心多用，注意力不集中，琳琳的工作效率十分低下，制作的表格也经常出错。幸好她已经意识到了自己的错误，慢慢停止了这种多任务并进的做法，才逐渐找回了自己的专注力。

琳琳在工作中习惯了同时处理多任务，让自己的注意力在各种任务之间频繁切换，这样反而加重了大脑的负担，不但会阻止深度思考、创造性思维，还会降低工作效率，影响工作质量。因此，我们在工作和学习中应当改变这种多任务同时行动的模式，在同一时刻只专注于一项任务，以减少思维来回切换的次数，降低失误的概率。

为此，我们在平时的工作和学习中应当注意做好以下几点，以尽可能避免一心多用，让自己的大脑只专注于一项任务上。

▶ 一次只做一件事情

我们要考虑到大脑的局限性，不要总是试图让它同时处理大量类别不同、难度各异的信息，以免影响专注力和执行力。麻省理工学院的神经学家米勒教授就提出了这样的观点："一心多用并不可取，我们在不同的工作之间切换，整个过程感觉像是无缝对接，其实却需要一系列小的转换。"比如我们正在进行一项需要发挥创造性思维的工作时，突然收到了客户发来的一条信息，于是我们马上停下工作、与客户沟通，可能只用了短短几分钟就解决了客户的问题，但大脑要从创造模式陡然切换到沟通模式，然后又要回到创造模式，这必然会给大脑造成负担，也会让我们的出错率提升、效率下降。

因此，我们应当专注于当下，每次只做一件事情。写作的时候就不要听音乐，也不要经常和他人互发消息；吃饭的时候就不要同时看电视剧，或是不时地与身边人聊天……只有每次专注于一件事情，才能让大脑保持稳定和高速的运转，也才能够把每一件事情都做好。

▶ 遇到中途穿插的任务，也要保持专注

在工作和学习中，随时都有可能遇到中途穿插进来的任务，如果这种任务并不是特别紧急，我们可以先将它记在记事本上或添加进当天的计划表中，然后集中精力处理自己正在处理的任务，以免自己的注意力被随意中断。

当然有的时候穿插进来的任务可能十分紧急，需要尽快完成。那么我们在暂停手中工作的时候也不能过于随意，要简单记录一下当前的工作进程：比如报表做到什么程度、下一步应当填写什么内

容；教材学到了什么程度、下一步应该从哪里继续阅读等，然后我们就可以把相关的文件、资料放在"待处理"的文件夹中。等到完成穿插任务之后，我们可以休息一下，之后再打开"待处理"文件夹，根据记录很快定位到之前被中断的地方，继续开始工作或学习。

需要指出的是，一开始要做到专注于一件事可能并不容易，我们的思绪肯定会飘忽不定，一会想到这里，一会又想到那里。为此，我们还需要不断进行练习，比如在觉察到自己的注意力不集中的时候，要立即提醒自己"专注于当下"，或是直接将"保持专注"这四个字做成电脑桌面，这样每一次看到桌面，都会让自己受到一次鞭策，也就更有助于收拢散乱的心神，让自己将注意力放在同一件事情上了。

破解"1万小时之谜"

强大的执行力离不开专注的精神，只有专注于一件事、保持行动并坚持下去，才有可能产生显著的结果。

古今中外无数杰出人士能够在某个领域脱颖而出，成为专家、精英，正是因为他们能够专注于自己的目标并始终坚持行动。美国的一位畅销书作家、演讲家马尔科姆·格拉德维尔对这个问题很感兴趣，他曾经花费了大量时间进行调查，发现普通人能够在某个领域达到巅峰状态，是因为他们花费了很多时间进行精细化的训练，而且训练的时间越长，就越容易达到顶级水平。

格拉德维尔经过记录和测算后，得出了一个有关坚持行动的定律——"1万小时定律"。在这条定律中，格拉德维尔说道："人们眼中的天才之所以卓越非凡，并非天资超人一等，而是付出了持续不断的努力。1万小时的锤炼是任何人从平凡变成世界级大师的必要条件。"

也就是说，如果我们想要有所成就、想要成为某一领域的优秀人才，就要付出至少1万小时的坚持行动。假设我们每天有8个小时的时间用于行动，一周总的行动天数是5天，那么至少需要5年的时间才能成为专家级的人物，这就是1万小时定律的意义。

或许有些人会觉得5年的时间并不算长，可是为什么现实生活中能够称得上是专家或精英的人物却并不多呢？这是因为专注于某事并坚持不懈并不是一件容易的事情。不少人有好高骛远的毛病，这山看着那山高，很难把自己的注意力长久地集中在一件事情上；还有的人缺乏顽强的意志力，在行动中如果遭遇了挫折和失败，就很容易中途放弃；更有一些人在行动时没能掌握正确的方法，虽然他们也付出了努力，能力却始终得不到提高。正因为有各种各样的问题出现，所以最后能够真正坚持行动1万小时并有所得的人实在是凤毛麟角。

美国游泳健将迈克尔·菲尔普斯曾经在4届奥运会上夺得过23枚金牌，创造了游泳运动史上的神话，还为自己赢得了"飞鱼""水中超人"等美称。

很多人说菲尔普斯的成功得益于他特殊的体型和超强的身体素质，使他能够在泳池中的动作更加省力和高效，可是菲尔普斯却说自己的成就有很大部分要归功于坚持训练。

菲尔普斯11岁的时候就被教练发现，之后教练为他安排了大量的训练。那时他每天基本是从早晨7点开始练习，练习两个半小时。吃完午饭后稍微打个盹，又要继续到泳池训练3个小时，一直到下午6点半才会结束。靠着这样的勤学苦练，菲尔普斯的成绩不断提升，在16岁这一年，他就打破了200米蝶泳的世界纪录；之后，他又在日本福冈的世锦赛上赢得了职业生涯中的第一个世界冠军头衔。

尽管已经取得了一些成绩，菲尔普斯却丝毫没有放松。他和教练一起制订了"魔鬼训练计划"——每天5点起床，每天训练8小时以上，每周训练6~7天，加起来每周至少要游8万米，一年365天，练习从不间断。靠着坚持不懈的练习，菲尔普斯才能保证自己一直处于最佳竞技状态，并能够在各大国际赛事上屡屡斩获金牌。2004年雅典奥运会，菲尔普斯连夺6枚金牌；2008年北京奥运会，菲尔普斯收获8枚金牌，成为单届奥运会获得金牌最多的选手；2012年伦敦奥运会，菲尔普斯又收获了4枚金牌，以22枚奥运奖牌、8枚金牌的成绩，成为奥运史上获得奖牌及金牌最多的运动员。

2012年菲尔普斯宣布退役，不过为了心爱的游泳事业，2014年菲尔普斯又选择了复出，并开始备战2016年的里约奥运会。作为一名经验丰富的老将，菲尔普斯仍然选择了用高强度的训练来激活自己的游泳天赋。他每天 4 点起床，几乎一整天都在泳池中度过，为了锻炼腹部肌肉，他甚至将铁链缠在腹部锻炼力量。在付出了常人无法想象的辛勤汗水后，菲尔普斯在里约奥运会收获了 5 枚金牌，也向全世界关注他的人们交上了一份满意的答卷。

菲尔普斯的成功经历告诉我们，即便是拥有超强的天赋，也要通过专注和坚持，才能成为出色的人才。在菲尔普斯的运动生涯中，他付出的努力又何止 1 万小时，日复一日的坚持使他练就了扎实的基本功，并找到了发挥出最高水平的方法，这才让他取得了如此辉煌的成就。

在现实生活中，我们常常会羡慕菲尔普斯这样的杰出人士，可是我们往往很少会想到在荣誉和光环背后，他们付出了多少艰辛的努力。一分汗水，一分收获，这并不是一句空话。假如我们想要提升自己的执行力，想要在人生中有所成就，也应当学习这种专注和坚持的精神，用 1 万小时定律来要求自己，发挥出自己全部的能动性。

当然，1 万小时定律绝对不等于简单粗暴的时间堆砌，如果方向不准确，或是没有掌握高效的方法，1 万小时的努力也可能无法产生实际的效果。为此，我们在坚持行动的时候需要特别注意以下几点。

▶ 保持专注，心无旁骛

1 万小时定律的核心就是专注，只有专注于一个领域、认准一个方向坚持行动，其间不要轻易动摇，才有可能通过练习达到专业的地步。伟大的艺术大师达·芬奇在最初学画的时候就是从专注画蛋开始的，他日复一日、年复一年，从各种角度、采用各种技法去练习，所费的时间远远超过 1 万小时，这才为他打下了扎实的绘画基本功。

有些人在行动时就缺乏这种专心专意、全神贯注的精神，总是心浮气躁，朝三暮四，对什么事产生了一点兴趣就跃跃欲试，可惜都是三分钟热度，保持不了太长时间，这样是不可能把一件事做到极致的。所以我们一定要认准最适合自己发挥所长的领域，然后专注于此、心无旁骛，直到从最简单、最枯燥的重复练习中逐渐找到规律。

▶ 找对方法，提升效率

1 万小时定律不是简单地比拼谁花费的时间长。要想将某种技能掌握精深，不仅要花费大量时间，还要在一开始就找对方法，这样才能提升练习的效率和效果；要是从最初就用错了方法，就很有可能会做 1 万个小时的无用功。

比如有一位从事人力资源管理的年轻人，他梦想能够成为业内的精英，就为自己订立了 1 万小时的行动计划：每天投入工作 8 小时，一星期工作 5 天。这样在 5 年之后，他在人力资源管理这个领域投入的时间就能够达到 1 万小时。在之后的 5 年中，这位年轻人也确实按照这样的计划去努力工作了，然而他发现自己的能力并没有获得很大的提升，而且他依旧停留在基础岗位上，也看不到什么向上发展的前景。这位年轻人对此十分失望，他认为 1 万小时定律是个骗局。可事实上，他从来都是被动地完成者上级交办的任务，从来不去思考、不去总结，也没有通过参加培训和进修来提升自我能力，所以这 1 万小时都只在原地踏步而已，当然不会产生明显的变化了。

因此，我们在行动的过程中要始终积极思考。在做完一件事之后，要花点时间想想为什么会是这样的结果，如果换用其他方法会不会让结果更加理想。通过这样的思考，我们就不会只是做机械性的重复工作，而可以不断刷新自己对技能目标的认识，使自己的能力不断获得提高。

▶ 持续改进，追求进步

在施行 1 万小时定律的同时，我们也不能忽略了阶段性总结的工作。我们可以把自己坚持行动的过程划分为若干个阶段，每到一个节点，就暂时停下来对自己之前的收获进行总结，这有助于我们发现自己身上存在的一些问题，并能够制订改进的措施，这样之后行动的方向就会更加明确，获得的进步也会更加显著。

需要提醒的是，在 1 万小时的反复练习过程中，我们最好不要一个人埋头苦练，因为个人的认识往往是比较片面的，很容易让自己陷入误区，让练习的方向出现偏差。所以我们最好能够向一些经验丰富的人士求助，请他们帮忙指导并纠正我们的一些错误。这样，我们将更容易获得令人满意的行动结果。

用专注的"工匠精神"来要求自己的行动

我们都很清楚，只有行动才能产生结果。可是，行动却不一定总是能够产生理想的结果。究其原因，一方面可能是我们还没有掌握行动的正确方法，一味盲目行动，只会让自己距离既定的目标越来越远；另一方面，还有可能是我们没有用严格的要求来约束自己，使得行动的结果出现了严重走样。像这样的行动只会白白消耗力量，却无法产生应有的价值。

执行力是非常宝贵的，也很容易因为各种原因而减弱，如果我们总是带着随意敷衍的态度去行动，就难免会遭遇挫折和失败。这时我们就会像被泼上了一盆冷水，觉得全身乏力，更会失去信心和勇气，今后在面对其他事务时，我们的执行力也会削弱到非常低下的水平。

因此，我们应当更加审慎一些。如果要去行动，就要用较高的要求来规范自己的行为，好让自己可以取得更好的结果。这样不仅行动的质量会不断提升，我们从中获得的成就感也会大大增加，执行力自然也就会不断增强了。

这也是我们不断提倡"工匠精神"的原因。所谓"工匠精神"，就是在行动时十分认真、专注，追求精益求精的结果。如果把"工匠精神"用在执行力的提升上，那就是要求每一次行动都要极度专注，并要追求极致，即使获得的结果已经比较令人满意，也不能轻易满足，还必须追求做到更好。

　　小张和娟娟是某公司的两位新职员，两人年龄、学历相差不大，性格却迥然不同。小张是个急性子，遇事常常不太思考就急于行动，而且也不太在乎细节和质量，经常闹出乱子。娟娟却正相反，她办事非常认真，不光追求时效，也很讲究质量。她一点一滴地严格要求自己，因此没有出现过大纰漏，也获得了同事和领导的赞赏。

　　一天。部门经理让小张和娟娟就一项新业务各自提交一份市场调查报告。小张接到任务后二话不说就开始行动了，他从网上找了一些数据，又从其他部门了解了一些资料，然后拼拼凑凑写成了一份报告，耗费的全部时长不过只有几个小时。当他带着得意的表情将报告提交给经理的时候，经理十分惊讶地问他："怎么这么快就做完啦？"他还沾沾自喜地说："谁让我的执行力强呢？"可是经理随便翻了翻他的报告，就发现了几处严重的数据错误。经理十分生气，狠狠地将小张责备了一番，小张沮丧地离开了办公室，心中感到有些后悔。

　　娟娟的报告是一星期后才交上来的。部门经理拿到了这份厚厚的报告，看着里面图文并茂的内容，笑着对娟娟说："你这里的数据是怎么收集的？怎么连最新的数据都有？我记得下面的门店7月份才会把数据上报过来呢。"娟娟告诉经理，自己利用下班时间亲自去跑市场，一家店面一家店面问来的，还收集了很多顾客意见，这才拿到了第一手的数据。她对这些数据也没有随意采纳，而是结合了公司的历史数据，又对比过同行的相关信息，经过反复的甄别，最后才筛选出来了一部分最有价值的数据。

为了把这份报告做到最好，娟娟已经连续一个星期没有在晚上 12 点前入睡过了，为了追求精益求精，她专注于报告本身，对里面的每一个数据都有过反复的思考和研究，确保不会出现任何问题，才写成了最后的报告。娟娟的努力让经理十分感动，他连连点头称赞道："你的报告体现出了'工匠精神'，非常严谨，也很有价值。要是其他同事也能拥有和你一样的执行力就好了。"

在小张和娟娟两位职员身上发生的故事是值得我们深思的。小张错误地认为速度快就是执行力强，在行动时不够专注、不够认真，也没有掌握正确的方法，更没有做到用精益求精，最后的结果自然不会让上级满意。而娟娟则完全是用"工匠精神"来对待上级交办的任务，她发挥出了自己的专注力，用专业的技术、专业的态度来处理问题，关注到了每一个数据、每一个细节，追求的就是行动的准确度和精细度，这样的做法才称得上是具备了真正的执行力，而这种超强的执行力也为娟娟赢得了上级的重视和认可。

由此可见，专注、认真、精益求精的工匠精神确实是我们提高执行力的"法门"。如果不具备工匠精神，我们的行动就会只停留在表面，做了也难做好、也难产生实效。相反，拥有了工匠精神，就能够让行动的效益最大化，可以避免浪费时间、人力、财力和物力，并能够产生很多积极的效果。

所以，为了提升执行力，就从现在开始用"工匠精神"来要求自己吧，我们可以先试试从以下几个方面做起。

▶ 把每一个任务的细节都研究透彻后再行动

在提升执行力的过程中，我们一定要注意不要走入歧途，以为做事的速度越快就等于执行力越强，这是片面的认识，很容易导致执行的结果不理想。而拥有工匠精神可以帮助我们校正这种错误，当我们用专注的工匠精神去看待一项任务时，会很自然地先下功夫将它研究透彻，对事情的来龙去脉了如指掌，这样在行动时才会方向明确、细节备至。也就是说，大到任务的总体框架，小到每一个细节、零件，都要专注研究，直到有清楚的认识后才能着手，这样行动的结果才不会偏离预期。

▶ 在行动的过程中要专注严谨、一丝不苟

在行动的过程中，有很多人总是抱着"差不多就行了"的态度在做事，但一个又一个"差不多"累积到最后，就会变成"差很多"。比如一辆跑车需要100道工序才能完成生产，如果每个工序的工人对待自己的工作都是这种"差不多"的态度，觉得能够达到99%的合格率就已经很满足了，那么如此累计下去，最后生产出的跑车的合格率就不会是99%，而是99%的100次方——36.6%，这样的结果还不够惊人吗？它充分说明了"差不多"的态度会造成多么严重的危害。因此，我们在行动时一定要用工匠精神要求自己，要专注严谨、一丝不苟，争取让99%提升到100%，将所有的纰漏消灭于无形。

▶ 专注打磨行动的结果，做到精益求精

执行力不能只讲行动却不问结果，这并不算是真正提升了执行力。那些具备超高执行力的人士总是像虔诚的工匠一样，专注于工作本身，将自己行动的结果与预期的目标进行对比，如果有所偏差或者不够完美，就会继续用行动去打磨，争取达到尽善尽美。这种过程其实也是一种锻造专注力和执行力的过程，因为"打磨"会让我们逐渐发现自己在行动中存在的问题，并可以进行思考，再找到相应的解决之道。这样在下一次行动的时候，我们就能够避开暗礁，勇往直前，行动的效率和质量也能不断获得提升。

需要指出的是，在追求"工匠精神"的同时，也要分清楚事情的轻重缓急，否则如果为了一个细枝末节的任务辛苦打磨上几天甚至几个星期，却耽误了主要任务的完成计划，那就得不偿失了。我们应当像本节案例中的娟娟一样，这样既注重了时效，又保证了质量。

06

第六章

规划时间，每一秒都要用在刀刃上

///

是哪些事情在偷取你的时间

在生活中，我们经常会听到一些人说："我真忙啊，没有一点时间。"对于他们来说，时间仿佛是一种奢侈品，他们一直保持着忙碌的状态，但手中还是堆积了很多处理不完的任务，而且很多事情的处理结果也并不能够让他们完全满意，这就是由于时间管理不当造成的执行力低下所致。

小沈是一名硕士研究生，在学习之余，他也会不时地在微博上发表一些个人见解，因为文笔不错、观点犀利，也获得了不少支持。

可是最近一段时间，小沈总觉得时间不够用，也没什么精力去更新微博。有一天一位朋友见到他，就奇怪地问："最近你怎么都没有更新微博呢？"

小沈苦着脸回答："我都快忙死了，哪有时间做那些事情啊。"

朋友更加不解了，问他："你都在忙什么呢？前两天我去你宿舍，还看见房间里一团乱，问你怎么不打扫，你也说没时间；去年你跟我说想考会计证，我问你什么时候去买教材，你也说没时间，今年的考试报名时间都快过了，你也不去报名；现在居然连微博也不更新了，这也花不了多少时间啊，你的时间都去哪里啦？"

朋友的话让小沈吃了一惊，他怔怔地重复着朋友的问题："对啊，我的时间都去哪了？"

在朋友离开后，小沈不得不正视自己的时间管理问题。他拿出了纸和笔，开始认真回忆自己每天都做了些什么。结果他惊讶地发现自己花在睡懒觉、打游戏、看网页、泡论坛、逛超市等事情上的时间竟然占据了一天时间的很大一部分，留给学习、读书、写作的时间却所剩无几。

很多人在工作和学习中也常常会像小沈一样，觉得自己"没时间""事太多"，可问题在于我们不知道自己都做了些什么，也没有想过是不是每一件事都值得耗费大量时间和精力去做，结果导致自己宝贵的时间被一些没有价值的事情"偷走"，而真正需要我们全力以赴去做的事情却一件都没有做好。

那么，我们该如何解决这样的问题呢？很多善于进行时间管理的人士提供的方法是对时间进行整理，而最直观的整理手段就是制作一张"被偷走的时间表格"，具体制作方法如下。

▶ 找出那些浪费时间的事情

在现实工作和生活中，有很多事情在悄然偷走我们的时间，具体去分析，可能有以下几类。

（1）过多的等待。等待是一种很常见的浪费时间的方式，在工作流程中缺少沟通，每一个环节都要等待他人的回复，这种等待就是在白白浪费时间。另外有些人做什么事都追求"合群"，午休了等着同事一起去吃饭、下班了等着同事一起去坐车，这样也会在等待中浪费不少时间。更有一些人在不敢行动的时候也会用"等待"来做借口，"等条件成熟吧""等下一次吧""等我有时间的时候吧"，等来等去，时间浪费了一大把，该做的事情一样都没有做。

（2）过多的社交。社交是生活中必不可少的内容，但也应当注意把握分寸，不能让社交占据自己的绝大部分时间。随着互联网技术和智能通信设备的普及，社交越来越容易，不少人陷入过度社交的陷阱。他们可能会发一条自以为很有深度和趣味的朋友圈动态，然后一直刷新，看看有没有人给自己点赞或评论；还有些人一听见QQ群、微信群的信息提示，就会迫不及待地放下手中的事情，急急忙忙地参与讨论；更有一些人十分热衷参加同乡会、同学会，几乎天天都有聚会，可不但没有联络到亲情实感，还让自己陷入了与同学、老乡毫无意义的攀比。这些过度社交其实并没有太多的意义，反而会浪费很多时间，还会让自己的注意力、执行力下降，可谓得不偿失。

（3）过多的懊悔。一位心理学家曾经这样说道："世界上最浪费时间的事情之一，就是懊悔时间被自己浪费"。的确，很多人进行时间管理时有很多无谓的懊悔——觉得自己没有利用好时间，造成了时间白白浪费，十分焦虑，甚至为此辗转难眠；到了第二天，精神状态更差，就更无法发挥时间的价值。如此不断恶性循环，让自己浪费时间的问题越来越严重。时间如白驹过隙，一去不回，与其担心、懊悔追不回来的时光，还不如为今后好好打算，这样才能更好地实现个人价值。

（4）过多的玩乐。休闲、娱乐可以帮助我们缓解压力，让我们疲惫的身心得到放松的机会，所以我们需要适度的玩乐。不过有的人在玩乐时很难自我控制，常常会过度玩乐并忘记时间，导致自己本来要做的任务也没有时间完成，这就属于浪费时间。比如本来只是想刷刷微博看看有什么新消息，结果被有趣的消息吸引，反复刷新了几十次，浪费了一下午时间；本来只想看一会儿电视剧放松一下，结果一发不可收拾，一口气看了好几集，导致自己没有时间学习或工作，这些都是过多玩乐造成的时间浪费。

（5）过多的争论。在工作、生活中和他人出现意见不统一的情况是很常见的，我们可以通过理性探讨和适度说服达成最后的共识。不过有的人总喜欢和他人一争高下，在言语上对他人指责、抱怨、挖苦、讽刺，想要通过这种办法战胜对方，假如对方恰好也是一个热衷于辩论的人，就很容易让双方陷入没有意义的争论或谩骂，不光会浪费很多时间，还会影响人际关系的和谐。

（6）过多的重复。我们可能没有意识到，很多重复性的事务也在偷取我们的时间，特别是一些低效的重复活动更会让我们空耗生命。比如一位公司职员接到了写作任务，因为跟上级沟通不足，第一次上交的文档上级很不满意，于是推翻重来，可是下一份文档还是存在很多问题，只能再次大修，如此反复了七八次才最终过关。这种重复作业造成了时间的严重浪费，还没有产生实质的价值，对个人的成长和成功没有任何帮助。

▶ 为这些项目寻求原因

根据上述几点，我们可以将所有浪费时间的事情都列举出来，将它们分别填写在"被偷走的时间表格"里。之后，我们可以对每一件浪费时间的事情进行分析，并找出深层原因，将原因也填进表格中。比如在"过度社交"后面可以填写这样的原因——"过分在乎他人对我的看法""不懂得拒绝他人的干扰""对于发微信缺乏自律能力"；在"过度玩乐"后面可以填写这样的原因——"兴趣过于广泛""不懂得适可而止""无法从容安排事情的优先顺序"，等等。

需要提醒的是，无论是列出事项还是分析原因，我们都必须保证自己的态度是足够客观的。为此，我们可以尝试从第三者的角度来看待发生在自己身上的问题，这样才能更加全面深入地看清"没时间"的真相，并找到适合自己的解决方法。

二八定律，合理分配你的时间

想要做到高效行动就离不开成功的时间管理，有的人常常会陷入一种误区中，觉得自己只是一个小职员或在读学生，没有必要进行时间管理，其实这是一种非常错误的观念。时间虽然无色无形，却是我们每个人拥有的最稀缺的资源，它不可再生，流逝之后就无法再追回。所以每个人都应该珍惜自己的时间，并且要学会做好时间管理，减少时间的浪费，让自己能够用最少的时间创造出最多的收益。

在时间管理方面有一条非常重要的法则叫做"二八定律"，也叫 80/20 定律、帕累托法则、最省力法则等，是由意大利经济学家帕累托发现的。他通过众多经济学实例发现，在任何一件事中，最重要的往往只占其中的一小部分，比重大概是 20%，其余 80% 则是相对次要的部分。比如 80% 的社会财富往往集中在 20% 的少数人手中，市场上 80% 的产品可能是由数量仅占 20% 的企业生产的，一个企业 80% 的盈利可能是 20% 的拳头产品创造出来的……

在时间管理方面，二八定律可以帮助我们找到工作、学习中存在的重要问题。比如我们会发现真正能够对工作业绩、学习成绩起到重要作用的事情可能只占总事务量的 20%，我们却没有把自己主要的精力和时间用在这些事情上，反而将太多的时间花在那些相对次要甚至毫无必要的事务上了——这无疑是一种执行力的浪费。

张强在基层单位担任干部，他每天要负责的工作有处理人事变动、安排重大会议、筹备各种活动、撰写一些文件和领导的讲话材料，此外还要负责日常的管理和一些临时性工作。

张强在工作中常常分不清轻重缓急，在一些鸡毛蒜皮的小问题上花费很多时间和精力。这天，他正准备为一个重要的招商活动撰写计划书，下属小钱突然闯进来打断了他。小钱和一位同事小朱发生了口角，吵得不可开交，于是小钱生气地来找张强"告状"。张强赶紧放下手中的工作，详细地问明了情况。

原来小朱是办公室里人尽皆知的"大喇叭"，经常拨弄是非。小钱最近刚刚失恋，小朱无意中得知了这件事，就在闲聊时告诉了很多同事，让小钱觉得十分尴尬。小钱去找小朱理论，小朱还不以为然，说小钱"小题大做"。

为了避免两人的矛盾加深，张强把他俩都叫进了办公室。他先是把小朱狠狠批评了一顿，叫他以后注意谨言慎行，不要在办公室里谈论与工作无关的个人私事，之后又安慰了小钱好半天，劝他放宽心胸，接受小朱的道歉。好不容易把两人的思想工作做通，一上午时间过去了。

到了下午，张强又接到了一些临时任务，等他终于腾出手来写计划书的时候，距离下班只有一个多小时了。此时领导给他打来了电话，催问他什么时候才能上交计划书，张强心中也很焦急，但他也不知道为什么自己整天都在忙碌，却没有完成最重要的任务。

张强之所以会陷入困境，就是因为他没能用二八法则定律进行时间管理，没能安排好自己的行动计划。比如，他没有学会按照事务的轻重缓解来进行排序，所以总是抓不住问题的关键，反倒是在一些不太重要的事情——如调解办公室纠纷上花费了太多的时间和精力，结果让自己的捉襟见肘，工作节奏成了一团乱麻，执行力自然也无从提升。

为了避免出现类似的问题，我们应当学会用二八定律来统筹安排各项事务，这样才能充分地利用好有限的时间，让自己的行动效率和质量不断增强。以下几点是我们在应用二八定律时最应当注意的。

▶ 制作详细的时间日志

我们首先应当把自己要做的每一件事情都详细地记录下来，为了更加清晰准确，我们可以使用电子表格来制作时间日志。这样能够方便地搜索、定位记录，并且能够回顾数天、数月前的行动情况，能够更加准确地找到自己在时间管理中存在的问题。

在发现问题后，我们可以重点观察一下时间都被浪费在了哪些方面，然后有的放矢地加以改进，使时间得到高效利用。有了这种时间日志，我们还能避免遗忘和疏漏，当看到长长的表格时，也可以使自身产生紧迫感，能够有效提升执行力。

▶ 将主要的时间和精力用在最重要的事情上

每个人的时间和精力都是有限的，不可能面面俱到。与其多花时间在一些小事、琐事上，不如先处理好对自己的工作和学习有决定意义的事情以及刻不容缓的事件。所以，我们可以对时间日志上列明的事项进行重要性的分类。分类后我们往往会发现，那些最为重要的任务可能只占总任务的20%；而剩下的是一些次重要的和大量不重要的任务。

在分级工作完成后，我们就可以抓住重点，先处理那20%的重要任务，对于这些任务，我们应当全力以赴、集中精力去完成，争取用最少的时间创造最多的效益，之后我们就可以有条不紊地安排其他任务的处理工作，使自己的工作效率得到不断提升。

▶ 通过授权更好地利用时间

在每天需要完成的任务中，总有一些是我们不擅长的，如果我们要用笨办法去啃这些"硬骨头"，就会耗费大量时间，让我们无法分出时间去处理一些更加重要的事务。这时，我们可以通过授权和沟通来解决。比如，我们不太擅长文书工作，现在手头却有一些不太重要的文书需要撰写，与其绞尽脑汁、费时费力地去处理这些工作，就不如将工作授权给在这方面能力比较突出的下属来做，还可以通过与领导沟通，将工作转交其他同事完成，这样不仅工作能够很快完成，我们也可以腾出手去进行其他工作。

另外，对于一些具有重复性的非重要任务，我们也可以采用一些更高效的方法来进行批量处理，这样也能起到节约时间、提升执行力的目的。比如一些人资方面的工作就不用每天进行，可以在累积到一定数量时，用"合并同类项"的方法统一处理；还有一些需要与人员沟通说明的工作也不必找到具体的人——说明，而是可以通过统一发邮件来予以解释，这样不但能够节省大量时间，还能避免信息传递出现遗漏。

成为"番茄大户"，收回被浪费的时间

你是否遇到过这样的情况？明明工作或者学习任务非常紧张，时间也很有限，但就是无法集中精力在当前的工作上。这种执行力低下的问题可能会让你十分沮丧，但事实上这种情况并非只发生在你一个人身上，被它困扰的人并非少数。于是一位聪明的意大利学者弗朗西斯科·西里洛就发明了一种简单易行的时间管理方法——番茄工作法。

这种方法在具体执行时是非常简单的——我们可以把完成任务的时间设为一个番茄时间，并事先定好闹钟；在番茄时间内，我们必须保持高度的专注，不要做与完成任务无关的事情，等到番茄时钟响起后，就在纸上画一个"×"，然后短暂地休息一下，再开始下一个番茄时间的工作。如果连续进行了 4 个番茄时间的工作，就可以多休息一会儿，这样也能避免过度疲劳，让我们的精力得到快速恢复。

小唐是一名普通的公司职员，他每天的工作任务并不算繁重，可是因为精力不能集中，他总是在不经意地浪费时间，有时候到了下班时间，不能有上交应该完成的工作任务，领导也批评他"执行力低下"，这让小唐感到十分苦恼。

后来，小唐听人说番茄工作法非常有效，便在网上了解了一番。他觉得番茄工作法看上去过于简单，怀疑它是否能够真地产生效果。

这一天，小唐将信将疑地开始使用番茄工作法。上午 8 点半，小唐启动了一天的第一个番茄钟。他用这 25 分钟时间回忆了自己前一天所做的全部工作，整理成活动清单，并填写了今天的待办事务表。

由于这个任务比较轻松，在番茄钟响起前，小唐就做完了全部工作。他检查了一下自己的文件是否准备就绪，又检查和整理了一些个人物品，这时番茄钟正好响起，于是他在表格上记下了一个"×"，休息了 5 分钟。

在下一个番茄钟里，小唐准备处理一些日常的事务。因为手头的任务比较多，小唐觉得一个番茄钟的时间是不够的，所以就设置了 3 个番茄钟。说来奇怪，平时工作的时候，小唐总会习惯性地刷微博、看新闻，可是今天在番茄钟的"督促"下，他一直能够保持精力集中的状态，所以处理事务的速度很快，执行力异常强大。

连续 4 个番茄钟后，已经到了午休时间，小唐让自己休息了一段较长的时间。在这段时间里，他去吃了午饭，然后在公司附近的草地上散了会儿步，又去喝了一杯咖啡，感觉精神状态很不错，于是他又开始了下午的工作。按照和上午同样的办法，小唐很快完成了当天的任务，他看了下表，时间还不到 4 点，这让小唐感到非常惊喜——因为平常这个时候，他还在办公桌前奋笔疾书呢，现在却多出了这么多的空余时间，让他觉得自己俨然成了一名"番茄大户"。当然，他也没有让这段时间被白白浪费——他先检查了自己当天完成的工作并进行了优化，之后又填写了工作记录表格，还写下了一些可以改进的意见。这样到了第二天，他就可以更加胸有成竹地使用番茄工作法来提高执行力了。

其实不只是小唐，很多人在第一次使用番茄工作法的时候，都会或多或少的带有一些怀疑情绪，觉得这么简单的方法真的能够发挥作用吗？可事实上，看似简单的番茄工作法确实拯救了很多"拖延症晚期"、注意力不集中的人士，他们利用这一方法，成功提高了自己的工作效率和执行力。

番茄工作法的神秘之处就在于，它能让我们对时间的概念从"点"变成"块"。也许我们以前也用过一些管理时间的工具，但是它们无一例外都要求准确界定完成每个任务的时间段，这样就会让我们产生一种压力感，所以我们的注意力很容易被其他更有意思的事情吸引。但是番茄工作法很不一样，它将精准的时间划分为"块"，我们在使用时可以不断告诉自己："这项任务只用几个番茄就能完成。"这种说法听起来有趣多了，我们心里的负担也会少很多，所以就更容易坚持下去。

不仅如此，番茄工作法还有一个好处是劳逸结合。我们在工作完一个番茄时间后，可以休息 5 分钟，这样就能够让紧张的神经放松，也能让我们的精力慢慢恢复，等再次回到工作中时，就更容易变得专注，执行力也能够得到提升。这种劳逸结合的办法要比一直高强度工作要明智得多。

既然番茄工作法有这么多优越的地方，那我们应该如何具体地应用呢？以下这几点是使用番茄工作法时一定要注意的原则，做好这几点，番茄工作法就更容易获得成效。

▶ 根据实际情况设定番茄时间

一般标准的番茄工作法时长是 25 分钟，但是我们也不必拘泥于此。假如我们当前只有 10 分钟的碎片时间，那也可以把它当作一个"小番茄"，集中精力来工作，也能产生一定的效果。所以我们设定番茄时间时完全可以从自身的实际条件出发，如果能注意力集中很长时间，那就可以把番茄时间设为 30 分钟、35 分钟；如果我们的注意力集中不了那么长的时间，就可以把番茄钟设为 20 分钟、15 分钟，只要能够保证在番茄时间内专注投入，番茄工作法就能产生意义。

另外，我们还可以根据自己的生物钟合理地调整一个工作日内的番茄时间段，比如自己的精力在下午比较旺盛，那就可以将番茄时间放在下午。也就是说，我们不一定要将所有工作都纳入番茄时间，而是应当找到最适合自己的工作节奏。这样，我们的工作效率才能得到更大的提高，执行力也才能够不断增强。

▶ 牢记番茄时间是不可分割的

我们可以把番茄时间定为 25 分钟，但是在这 25 分钟内，要保证集中精力做事，不能半途而废，否则番茄工作法就失去了意义。当然，我们在现实工作和学习时，很难保证不会受到外界的干扰，有时也会有一些主客观因素让我们不得不暂时停止工作。那么这时就要记住一条规律：一旦番茄时间被打断，就要重新计时、重新开始。

我们应当尽量避免打断番茄钟，要是不喜欢总被人干扰，就可以明确地告知来打扰我们的人。比如在番茄时间内有人来找我们闲聊，我们就可以拿着计时器告诉他："对不起，我的番茄时间还有几分钟，几分钟后我再去找你。"像这样慢慢养成习惯后，我们在工作和学习中就能够集中精力而不被打扰了。

▶ 不要在非工作时间内使用番茄工作法

我们之所以采用番茄工作法，是为了管理好自己在工作和学习中花费的时间，让每一分每一秒的时间都用在"刀刃"上。可要是在非工作时间也使用番茄工作法，就会让我们逐渐失去对"番茄"的敏感度。

比如我们用 3 个番茄的时间来玩网页游戏、用 5 个番茄的时间来做家务——这些活动本身不需要特别集中注意力，我们却总是采用番茄工作法，结果反而会让自己失去很多生活的乐趣，而且也容易让神经变得过于紧张，有可能影响到学习和工作的状态。所以，我们最好还是将番茄工作法运用到创造性或事务性的工作中——在要求效率的工作中采用。

▶ 利用好提前完成工作的时间

假如我们设定了 25 分钟的番茄时间，但实际上时间没到就完成了自己的任务，那这段时间该如何处理呢？一些高执行力人士的建议是可以利用多余的时间对已经完成的任务进行优化。

比如，我们可以回头看一看自己完成的任务、衡量一下自己工作或学习的质量，这时往往能够发现有一些需要改进的地方，而我们就可以利用多余的时间来完成这些改进了。另外我们还可以对当前的工作进行总结和思考，并列出一些计划，这对我们使用番茄工作法是很有帮助的。

需要提醒的是，在使用番茄工作法后，不要过度关注番茄的数量，不要为自己今天又完成了几个番茄钟而沾沾自喜，却忽略了自己从学习和工作中获得的收益本身，这样就本末倒置了。比如某天我们用 6 个番茄钟的时间完成了一天的学习任务，第二天掌握了更好的方法，只用了 4 个番茄钟的时间就完成了，那么显然第二天的效率和执行力是更高的，所以单纯衡量番茄的多少并没有实际的意义。

利用生物钟：在黄金时间处理最重要的事

有的时候，当我们一味自我埋怨"执行力"差的时候，也不要忽略了一个影响执行力的重要因素——生物钟。

生物钟是我们生命活动的内在节律，它虽然无声无形，却每时每刻都在影响着我们的各种活动，有时会让我们保持清醒，有时则让我们觉得困倦。有的时候执行力不佳，可能是生物钟在起作用，影响着我们正常的工作和学习的状态。

德国一家公司的老板发现自己的员工执行力不佳，交给他们完成的任务经常拖拖拉拉、到了预定时间也不能完成，老板为此伤透了脑筋。一开始，老板对执行力最差的员工进行了批评，可是这并不能让他们的工作效率得到提升；后来老板又尝试了其他办法，比如对执行力高的员工进行奖励、对执行力差的员工进行惩罚等，但是效果都不明显。

一个偶然的机会，老板无意中听到了几名员工的对话，其中一人说："我真不想这么早来上班——我早上根本就起不来，好不容易强迫自己起床赶到公司，可是一上午头脑都是昏昏沉沉的，想做点工作也找不出头绪。"另一人也附和道："确实如此，我早上的执行力也特别差，反而是下班以后，脑子一下子就清醒了好多，所以我常常把工作带回家去做，发现这样效率更高。可是公司没有给我发加班工资，我觉得自己挺委屈的。"

员工的这些对话让老板觉得茅塞顿开。第二天，他推出了一项新的工作制度——生物钟工作法，即让员工按照自己的生物钟选择最适合的上班时间，但总的工作时长与过去是一样的。这项制度立即得到了部分员工的支持，不过也有些员工表示不能接受，因为他们的生物钟在早上是最兴奋的，所以他们很不能理解那些晚上才来上班的人的想法。

老板让大家少安毋躁，等制度使用一段时间后再看效果。结果果然没有让老板失望，在这项制度实行 3 个月后，员工们普遍认为自己的压力感减轻了、幸福感上升了，同时执行力也大大增强，老板交办任务后，很少再有拖延的情况出现了。

在这个案例中，老板花了一番工夫，终于找到了员工执行力低下的原因——工作节奏违反了生物钟。有的员工习惯了早起，清晨工作效率高、执行力强；有的员工则是典型的"夜猫子"，早晨人虽然在公司，却很难达到理想的工作状态，要到傍晚快下班的时候才能兴奋起来；还有些员工则可能早上、晚上的执行力都不如中午好。

正是因为人和人的生物钟有差异，管理者在规划时间时才不能过于教条，强求每个人都遵守同样的工作时间，而是要允许大家按照自己的生物钟来合理调整工作时间，这样才能够让员工在执行力最强的时间做好工作、创造出最大的价值。

那么，从个人的角度来看，我们应当如何利用生物钟来提高执行力呢？

▶ 了解自己的生物钟

为了更好地规划时间、提升自己的执行力，我们应当对自己的生物钟有一个比较清楚的认识，而这需要我们对自己每天的各种行为进行记录，并通过长期的观察总结出一定的规律。比如每天早上一到 6 点就会自然醒来，晚上一到 11 点就觉得十分困倦，这就是一种作息生物钟；再如每天上午精神振奋、学习东西特别快，记忆特别牢固、工作起来效率也特别高，但是吃完午饭后状态就渐渐变差，注意力也越来越难以集中，像这些信息都可以作为效率生物钟记录下来。

▶ 根据生物钟调整工作和学习计划

在了解了自己的生物钟后，我们就可以按照生物钟来调整工作和学习的计划了。为此，我们可以把每天的工作和学习任务按照重要性进行排序，然后把最重要的事情放在生物钟的"黄金时间"去完成，在这个时段大脑兴奋、精神振奋，工作和学习效果最佳，执行力也会因此大大提升。

等到我们的生物钟进入低谷期，大脑反应越来越迟钝、精神越来越疲劳的时候，就不要强迫自己去做一些需要耗费大量脑力和体力的事情，而是适当的休息，这样就能给身体和大脑一个缓冲的时间，养精蓄锐，以更好的状态迎接更多的任务。

▶ 让生物钟变得更加合理

在现实生活中，由于条件限制，很多人还无法自由地按照生物钟来规划时间，对于这种情况，我们也可以考虑"拨正"自己的生物钟，让它符合客观条件，这样我们规划时间时也能更加方便。

像有的人的生物钟的特点是晚睡晚起，上午精神萎靡，傍晚、夜间精神振奋，但是受客观条件限制，不得不在早上从事一些比较重要的工作和学习任务。那么，就可以尝试改变自己的作息习惯，让生物钟慢慢调整到"正常"的状态——比如之前习惯在晚上 1 点以后才上床睡觉，那第二天早起肯定会十分困难，为此不妨试着早一点睡觉，并且可以在睡前一小时用热水泡泡脚，这样就能够让全身放松，也容易进入睡眠的状态。另外，在睡前不宜吃得太饱，也不要玩一些刺激性的游戏或看一些惊险的电影、书籍，否则会让神经更加兴奋，入睡就更不容易。

当然，生物钟毕竟是一种长期形成的习惯，想要在较短的时间内改变是不可能的，我们只能采用循序渐进的办法，逐渐"拨动"自己的生物钟，才能让生物钟和工作、生活方式越来越合拍。这样不仅我们的身心会更加轻松、舒适，还有助于提升我们的执行力，可谓一举多得。

你真的会利用"碎片时间"吗

　　碎片时间，就是零零碎碎的、很短暂的、没有规律的时间片段。我们每天生活工作的时候都会有很多碎片时间，比如在等车的时候或等人的时候、课间休息的时候、工作任务完成的间歇……这些时间看似不起眼，一不注意就会溜走，可要是想办法利用好了，就能让我们的执行力大幅攀升，做到很多以前做不到的事情。

　　小汤在一家私人企业担任文员，工作任务比较轻松，碎片时间也比较多。小汤的同事们要么利用碎片时间看小说、玩游戏，要么就是彼此凑在一起聊天。时间打发起来很快，可是小汤觉得这样做没什么意义。

　　小汤打算把这些碎片时间都利用起来，于是他开始在碎片时间学习一些英语单词。最开始，小汤因为没有掌握方法，总觉得碎片时间太短，还没记住几个单词时间就到了，效果并不理想。同事们看到他一到休息时间就拿出英语词典，也劝他不必这么"用功"，免得把自己累坏了。

　　小汤并没有因此气馁，他到处收集学习单词的方法，还在手机上下载了一些像"百词斩"这样的APP，然后给自己制订了分阶段学习的计划，这样每天都有目标，学习完成后还可以进行测试，如此一来，小汤的学习的效率提升了不少。最初小汤每天只能记住

3~4 个单词，后来技巧越来越熟练，每天记单词的数量上升到了 10个、20 个……

在学单词的过程中，小汤更是认识到了时间的可贵，他努力抓住每一点碎片时间，就连坐地铁、公交车的时间也不放过。为了不打搅到别人，他会戴上耳机循环播放已经学过的单词和例句，这样也能让记忆更加牢固。

就这样，小汤坚持了 1 年时间，利用碎片时间学完了一整本六级英语词典，还看完了几本英文名著，英语的听读写能力都有很大进步。后来有一次，部门需要用英文撰写报告，小汤主动请缨，圆满地完成了任务，为部门赢得了荣誉。上级对于小汤的表现非常满意，并为他颁发了"优秀员工"称号和一笔可观的奖金。

小汤和其他员工相比无疑是具有超强执行力的，而这种执行力的诞生就来自于无数个碎片时间。当其他人都在任由碎片时间白白浪费的时候，小汤却果断地开始了自己的学习计划，通过积少成多的学习，让自己多掌握了一门语言，并借此在工作中展现出了更为强大的实力，获得了上级的首肯，也为自己赢得了更多的职业发展机会。

从小汤利用碎片时间学习的案例中，我们能够学到哪些经验呢？

▶ 找出我们的碎片时间

在现实生活中，很多人在被抱怨执行力差的时候都会很自然地拿"没时间"来当借口——他们抱怨自己白天忙工作、晚上要做家务带孩子，根本没有时间来做一些事情以改善执行力。可事实真的是这样吗？

时间都是"挤"出来的，如果我们能够把之前虚度浪费的时间都找出来，就会发现可利用的时间还是很多的。为了更清楚地找到这些时间，我们可以把自己每天要做的事情按照时间顺序记录在一张表格内，比如早上出门是在 7：30，到达公司是在 8：20，这其中等车、坐车花费的 50 分钟时间就是可以利用的碎片时间；再比如每天完成预定工作后，距离下班还有一些剩余的时间，这些时间也可以成为碎片时间。列好清晰的表格后，我们可以把碎片时间加总，得到的结果一定会让我们非常惊讶：原来每天可以利用的碎片时间竟然有这么多。

▶ 提前做好时间使用规划

找到碎片时间后，我们就可以好好地规划一番，好让这些时间发挥更大的作用。比如我们之前有一些一直想做却没能做的事情，都可以利用碎片时间来完成，这无疑能够大大提升我们的执行力，使我们有条件将以前很多口头上、头脑里的计划转变成为现实。

比如你以前一直想读一部文学名著，但是一直没有时间，那就可以利用碎片时间做好阅读计划，每天读上几千字。这种阅读当然不是走马观花的看看就算完事，而是要读有所得，要能说出自己的感悟、能让自己获得一些在思想境界和艺术修养上的提高。不过，有的人在比较嘈杂的环境如车站、地铁站里可能没有办法集中思想阅读，那就可以采取播放"白噪声"的做法来提升注意力。"白噪声"

可以是一些好听的、自然的声音像海浪声、林间鸟叫声、小溪流水声等，这种没有旋律的声音能够隔绝外界的喧闹，而且不会干扰我们的注意力，可以让我们更专注于眼前的事务。

▶ 给碎片时间分配碎片化的任务

想要利用碎片化时间，还需要我们善于分析自己的能力并能够合理分配任务。比如眼下只有 5 分钟的碎片时间，那就可以读一篇有意义的短文或是记两三个单词；如果眼下有 10 分钟的时间，那就可以读几页书，让自己的阅读计划前进一小步；如果碎片时间有30 分钟，就可以用它为工作报告列个大纲、写几行草稿……总之，碎片时间越长，可完成的任务量就越多、难度也可以适当调高一些，但注意不能超过自己的能力范围，否则碎片时间用完却没有完成一个任务，就会让自己平白无故增加很多挫败感，反而对提升执行力不利。

▶ 找到最适合自己的碎片时间管理方法

很多人开始做碎片时间管理的时候，因为没有头绪，会热衷于搜罗和学习各种方法，可是有的方法并不一定适合自己。如果机械地照搬，就有可能误入歧途，最后反而会让自己变得越来越拖延。

比如有一些碎片时间管理方法会鼓励人们先做最重要、最困难的任务，即"先啃最硬的骨头"，这样渡过最初的难关后，后面相对简单的问题就会迎刃而解。这种方法对一部分人确实能够产生积极作用，可是对另一部分人却不适合。因为碎片时间毕竟是很有限的，想要在这么有限的时间内完成难度较高的任务，容易让人产生畏难情绪，执行力也会有所下降。所以这类人就适合先完成简单的、自己最感兴趣的任务，这样才能渐入佳境，执行力也会逐渐增强。

需要指出的是，时间管理也不是简单地记录自己要做的事情。有不少人将时间管理等同于"做手账"，为此还买来了漂亮的手账本、各种颜色的签字笔、贴纸等，每天都将手账记得满满的，可是对于时间的应用却仍然处于茫然无绪的状态，这就是因为他们只掌握了时间管理的皮毛，却没有抓住实质问题。

时间管理不能仅仅局限在记录上，还要持续考察自己在行动时遇到的具体情况，并且要评价自己管理时间的结果，然后总结出一些经验教训，从而不断改进，这才称得上真正的时间管理。所以我们应当改变只记手账却不思考的坏习惯——要从自己的实际情况出发，结合自己的行动风格，经常进行对比、检验，才能做好时间管理。

"超级整理法"你也能轻松实践

"超级整理法"是韩国的一位畅销书作家尹善铉提出的概念，它也是时间管理的一个好办法，曾经在韩国掀起了一股整理浪潮。

这个整理法其实并不需要花费很多时间和精力——我们每天只需要拿出 15 分钟在时间、空间、人际关系方面进行整理，就能够提升工作效率、缓解生活压力，让自己的执行力更强、生活幸福感更高。

　　燕南是一家房地产公司的销售员，她形象大方、口齿伶俐，很善于与客户打交道，本来很有希望成为一名优秀的销售员，可是她的业绩一直不理想。原因到底在哪里呢？

　　燕南对此也非常迷惑，她向几位经验丰富的同事请教，他们却建议她应该先好好整理一下自己的办公桌和电脑。原来，燕南非常不善于整理，她总是把各种文件、资料随手摆在办公桌上，时间长了，那里就变成了一座堆得高高的"文件山"，想要从里面找出自己需要的资料，简直就像大海捞针。有一次，客户需要了解一些与小区相关的资料，燕南翻遍了所有的文件夹，就是找不到那份资料。她手忙脚乱地找了十几分钟，把自己的办公桌弄得一团乱，最后客户失去了耐心，拂袖而去，临走时还冷冷地丢下一句："我从来没见过这么不专业的销售员！"

　　客户的话让燕南十分沮丧，她这才明白同事建议自己做整理的原因——她每天都要把大量时间浪费在找东西上，不是在办公桌上找纸质文件，就是在电脑里找电子文档，工作效率大大减弱，难怪业绩总是无法提升。

　　想通了原因之后，燕南就开始改变自己的坏习惯了。她认认真真地把办公桌上的文件一页一页看遍，有些过期的资料直接丢弃，剩下的资料则按照楼盘的名字和日期先后顺序进行了分类，放进了几个文件夹中，外面还做了标记，这样以后有新的资料也可以按照所属类别放进相应的文件夹，想用的时候直接去文件夹里找，很快就能够找到。

对于电脑中的资料，燕南也进行了一番整理。本来她在硬盘中放了很多文件夹，名字起得也很随意，想找个文档特别费劲。这次她也用了分类存储的办法，又删掉了很多没用的图片、文件，这下燕南觉得资料变得清楚多了，想要找一份文档也不用把每个文件夹都打开了。

学会了整理之后，燕南发现自己每天的时间多出了很多，工作效率也大大提升，这让她感到十分惊喜。

从这个案例中我们可以发现，整理本身就是一种非常有效的时间管理，而且对于提升执行力也有很多帮助。通过整理，我们不用花费时间思考自己把东西放到哪了，也不用手忙脚乱地东翻西找，这样就可以节省下大把的时间，把它们用在更有价值的事情上。

因此，我们可以学一学超级整理法，让自己的思路更加清晰、行动更有条理、工作更有效果。下面就为大家介绍超级整理法中一些简便易行的好办法，坚持一段时间后，就会发现自己的可支配时间越来越多，执行力也越来越强。

▶ 整理自己的工作、学习环境

一般我们在开始行动之前，可能很少会想到应当先整理一下自己的工作环境，可也正是因为这些细节没有处理好，才会让我们在行动过程中遇到不少障碍。所以我们应当养成良好的放置物品的习惯，不要在办公桌上面堆放太多与任务无关的东西，像个人的相框、小盆栽、小摆件等，保留一两样即可，否则不但会让环境显得杂乱，还会影响我们的专注力，无法保持注意力高度集中。

▶ 整理自己手头掌握的纸质材料

如果我们的工作、学习离不开大量的纸质材料如书本、文件、清单、账目、信函等，我们就要注意及时整理这些资料，最好能对这些资料做到了如指掌，这样才不会在行动过程中花费大量时间去寻找资料、核对信息。

为此，我们可以把纸质材料按照用途进行分类，并且要把当前急需使用的材料放在容易找到的地方，其他可能不太会用到的材料则可以分类归档，存放在透明文件夹和带标签的抽屉中。另外还有一些作废的材料、多余的文件则要及时清理干净，需要呈交给他人的材料也要尽快交给他人，不要长时间存放在自己手中。

▶ 整理电脑和电子邮件

电脑硬盘可以帮助我们存放海量的电子资料，但我们也要注意经常整理，比如要对文件夹进行大致的分类、起好名字，方便我们第一时间找到需要的资料。对于办理中的事务需要的资料，我们还可以在电脑桌面上建立一个"重要"文件夹，把资料存在其中，方便随时调取。需要注意的是，电脑可能会因为故障、感染病毒造成资料丢失，所以我们还有必要用 U 盘等设备备份最重要的电子资料——这可以为我们降低不少风险。

对于电子邮件我们也要学会整理，因为我们每天都会收到大量的电子邮件，可是其中很多是没有价值的广告垃圾邮件，如果我们花费时间去仔细阅读每一封邮件，必然会浪费大量的时间。因此，我们可以养成先看邮件主题和发件人的习惯，如果发件人是陌生的邮箱，而且邮件主题也能够看出是推销或垃圾邮件，那就可以直接将它们删除。这样可能只需要几分钟的时间就能删去 50% 的邮件，当然我们还可以采用更加简单的方法来进行这样的整理工作，那就是设定"邮箱规则"，这样邮箱在接收到一些垃圾邮件后就会自动拒收或删除，可以给我们节省下更多检查邮件的时间。

▶ 整理脑海中纷繁复杂的思绪

不光物品、信息需要整理，我们的大脑也同样需要整理。由于我们每天要处理各种各样的任务，还要与形形色色的人发生接触，大脑中会产生千头万绪的想法。在忙碌的时候，我们的大脑常常会一片混乱，有不知该如何行动的感觉。在这种时候，我们就很有必要对大脑进行整理了。

整理大脑主要是要把纷繁复杂的思绪理清楚。为了帮助大脑减负，我们可以把自己准备做的事情全部记录在"To Do"清单上，然后从最紧急的事项开始行动，完成一件划掉一件。另外，如果我们在与他人沟通时有一些需要记录下来的东西，也应当抓紧时间整理出要点，立即写在备忘录上。这样一来，大脑就不用记忆太多的东西，就能逐渐被"放空"，我们就会感觉轻松很多，行动起来也会更有效率。

此外，一些拥有卓越执行力的人士还建议我们每天睡前应当有些思考的时间，因为这时人的情绪最为放松，也没有什么干扰，我们可以好好地梳理一下工作，分析一下自己目前面临的主要问题，预测一下下一步的行动方向。这种思考也是一种很好的整理大脑的方法，可以帮助我们理清各种思路，让自己的行动变得更有条理。

▶ 整理错综复杂的人际关系

如果我们的人际关系过于复杂，以致在交际方面浪费了太多的时间、损失了太多的精力，那我们就应当对人际关系进行必要的"修剪"。比如一个经常打电话来向我们抱怨自己不幸的家庭生活的"朋友"就属于需要被"修剪"的，因为他不但占据了我们很多的工作和学习时间，还给我们带来了强烈的"负能量"、影响了情绪健康。对于这样的人就可以考虑逐渐疏远，不要总是为了面子牺牲大量时间强迫自己倾听那些没有价值的话题。

同样，如果有朋友、熟人十分固执地非要向我们推销某种我们并不需要的产品，也应当尽量远离，以节省自己的时间和精力。另外，可有可无的邮件来往、没什么交流的微博、微信好友，都可以选择清除，这样既能省下更多的时间，还能让我们的朋友圈子变得更加纯粹，何乐而不为呢？

了解时间价值，做"合算"的事情

你了解时间的价值吗？你觉得自己的一小时值多少钱？一天又

值多少钱？并不是每个人都能马上回答出这些问题，因为大家对于时间的价值普遍还处于懵懂的状态，只知道时间宝贵，要珍惜时间，却不能准确衡量自己的时间到底价值多少。也正因为不了解时间的价值，在行动时才会出现取舍的问题，自己花费了很多时间却没有取得应有的收益。

那么，时间的价值应当如何计算呢？有一种最为快捷简便的办法就是用自己的实际收入来估算时间价值。以下就是这种方法的基本步骤：

第一步：我们可以先计算自己在一个月中能够赚取到的所有的收入，不管是固定的工资收入还是兼职收入，只要是花费了时间、进行了劳动付出后得到的收入，都可以计算在内。

第二步：我们可以再计算自己的实际工作时间，比如可以按照每月有 4 周，一天工作 8 小时，一周工作 5 天来计算，得到的实际工作时间为 160 小时。

第三步：用总收入除以总的工作时间（单位：小时），就可以得到一个大概的数字，它就是我们的时间价值。

这个计算时间价值的方法对于大多数人都是有效的，可以让我们用最短的时间大致算出自己的时间价值。时间价值能够帮助我们衡量行动是否能够为自己带来最大的收益，从而可以判断出应当怎样行动才会更"合算"。

在下面这个案例中，一位企业管理者发现从时间价值的角度进行衡量，叫外卖比自己做饭更加"值得"。

　　杨璐在一家互联网公司担任运营部门的主管，她每个月的税后收入接近 32000 元，按每个月有 20 个工作日、每天有 8 小时工作时间来计算，杨璐花费的时间是 $8 \times 20 = 160$ 小时，那么时间价值大约是 $32000/160 = 200$ 元/小时。

　　杨璐平时工作很忙，没有时间做饭，一般都是选择叫外卖，一份有主食、两份菜肴、一份汤的套餐价格大概为 25~40 元。杨璐每天变着花样订餐，倒也没有为吃饭的问题感到烦恼。不过有同事说她这样很浪费，还让她尝试自己做饭，说这样算下来每月可以节省不少钱。

　　杨璐被同事说动了心，一天下午回到家后，她决定给自己做一顿饭吃。雷厉风行的她马上出发去了菜市场，这家菜市场离她家不远，走路用不了几分钟，不过为了挑选新鲜的蔬菜，杨璐倒是用了不少时间，她看了看表，发现自己买菜大概花费了 40 分钟。回到家后，杨璐又是洗菜又是择菜，之后还参考菜谱做了几个颇为像样的家常菜，耗时大概 60 分钟。吃完饭后杨璐也没有休息，又花了 20 分钟将锅碗瓢盆清洗干净，感觉累得够呛。

　　杨璐坐在沙发上休息了一会儿，顺便给自己算了个"时间账"：为了吃这顿饭，她总共花费的时间为 $(40+60+20)/60 = 2$ 小时，根据自己的时间价值，在这段时间内她本来可以产出约 $200 \times 2 = 400$ 元的收益，更何况买菜需要花钱，做菜时也要付出燃气费、配料费等成本，显然做一顿饭要比叫一顿外卖贵得多了，所以杨璐认为自己做饭并不合算。

由于杨璐的时间价值较高，那么把时间花在买菜、做饭、洗完等事情上是不合算的。但要是时间价值较低，每小时能够赚取到的收入较少，比如每小时的价值不足 25 元，那么叫外卖就会成为一种"浪费"，自己做饭才是更加合算的选择。

正是因为时间价值的存在，服务业才会有非常广阔的市场。那些时间价值高的人可以依靠洗衣店洗衣服、依靠钟点工打扫房间、依靠保姆看护孩子……这不是说不同的工种有高低贵贱之分，而是要把专业的事情交给专业的人去做，效果才会更好、更节省时间，也更符合时间价值的要求。

同样的道理，假如我们在出行时有步行、坐公交车、坐地铁、打车这几种选择，也可以根据自己的时间价值来挑选最适合自己的方式。如果自己的时间价值高，那么就可以选择最节省时间的打车方式；如果时间价值低，为了更加合算，我们就可以选择坐公交车、地铁或步行出行。

在购物方面也可以进行类似的选择。假如我们的时间价值较高，那就不要浪费太多时间在网页上挑挑拣拣，因为这样会浪费大量的时间，最后虽然买到了便宜的商品，可是节省下来的金钱可能还无法弥补我们的时间价值，所以就是不合算的。像这样反反复复多花时间货比三家，还不如直接到值得信赖的品牌店铺购买商品，虽然价格可能会更高一些，但能够节省不少时间，我们也就可以把时间用在更重要的事情上，而不会让时间价值遭受损失了。

也就是说，我们在做事之前都应当将它先与自己的时间价值进行对比，才能让宝贵的时间发挥出应有的作用。比如当我们的时间价值越来越高的时候，就会发现花两三个小时去玩耍或闲聊是一件非常不合算的事情，于是我们自然就会放弃过多的玩乐和无效的社交。不知不觉中，我们对于时间的运用就会更加合理，执行力也会越来越强。

当然，在进行具体选择时要注意不能只看眼前的利弊，还要思考时间的长期回报。比如我们准备花一些时间来学习一门外语——在短时间内收益肯定不高，可是考虑到未来可能发生的结果，学外语能够产生的价值就难以估算了，因为它可能给我们带来更多的工作机遇，也有可能让我们的收入和时间价值倍增。所以在计算时间价值的时候还要学会从长远的角度看问题，这样才能为自己的行动做出更加高效、精准的决策。

07

第七章

避免拖延，给行动定个期限

你是不是严重的"拖延症患者"

在工作和学习中，每个人或多或少都存在一些拖延的问题，使得自己的执行力减弱。不过有些人的拖延问题显然特别严重，已经发展到了拖延症的地步——他们会一再地推迟原定计划，使得目标很难在规定期限内达成，这也使得他们的执行力下降到了一个极低的水平。

拖延症其实是一种病，这并非骇人听闻。因为与普通的拖延者相比，拖延症患者是在明确预料到拖延对自己有害的情况下，还在不停地将计划要做的事情向后推迟。在这个过程中，他们会产生出强烈的自责情绪、负罪感，他们一面控制不住地拖延，一面对自己进行各种否定、贬低，在这个过程中，又常常滋生出焦虑症、抑郁症等心理疾病，后果非常严重。

张菲今年 36 岁，在某杂志社担任编辑。最近她一直觉得身体不舒服，每天头昏脑涨、食欲不振，晚上严重失眠，工作效率也大幅下降，还因为工作失误被主编连续批评了好几次。

同事见张菲气色不好，就劝她到医院去检查一下。张菲却苦笑着说："我这都是自找的毛病。"原来，张菲是一个严重的拖延症患者，她每天一看到堆积如山的稿件，就会不由自主地拖延一会儿，造成该工作的时候注意力不集中，一上午也看不完几篇稿件。等到休息的时候，张菲又开始不停地自责，说自己不应该浪费时间，于是休息也没有休息好。

到下午下班的时候，因为拖延了一天，张菲没有完成当天的任务，只好把一批稿子带回家去处理。可是到家以后，她又想着先放松一会儿，这一放松就到了深夜。张菲看着还没有开工的稿子，心中十分烦恼。为了不耽误进度，她只能牺牲睡觉的时间加一会儿班。

由于睡眠严重不足，张菲第二天起床的时候只觉得浑身难受、痛苦不堪，可就是这样，她还得勉强拖着困顿不堪的身子到杂志社去上班，一天的工作效率可想而知。

这样不停地拖延、不停地补救，让张菲的身体和精神都处于一种煎熬的状态。时间长了，她实在是坚持不下去了，只好向主编请假去了医院。等到医院的检查结果出来以后，张菲惊呆了，原来她已经患上了轻度的抑郁症。

张菲的经历并非个案，它可能发生在很多人身上，只不过症状还没有全面爆发、没有引起严重的后果，所以才会被我们忽视。其实我们可以试着去回顾一下，看看自己是不是经常感觉身心俱疲、是不是总觉得没有休息好、是不是发现自己的执行力越来越差，如果确实出现了这些问题，就说明我们身上的拖延症已经发展到了比较严重的程度，必须立即想办法改变现状，才能避免造成更大的危害。

需要指出的是，尽管拖延的本质都是延迟行动、推迟进行预定的任务，但引起拖延的原因却有很多，由此也会造成各种类型的

"拖延症"。我们要想解决拖延问题、提升执行力，也要先分清楚自己患上的是哪一种拖延症。

▶ 享乐型拖延症

在拖延症患者中，享乐型拖延者占据了相当高的比例。在这类拖延症患者的内心深处，总觉得人生就应该是充满乐趣的、不应该辛苦无聊，尤其不应该长时间做一件枯燥的事情。于是他们就会不由自主地为自己安排一些享乐活动，以此来暂时逃避完成任务的"痛苦"。但由于他们心中一直充满着对"任务无法按时完成"的忧虑，所以在各种享乐活动中并不能得到百分百的乐趣。相反，越是享乐，他们心中空虚、烦躁的感觉就越是强烈。

▶ 懒惰型拖延症

懒惰是一种非常可怕的心理习惯，当一个人习惯用各种捷径办法工作和学习的时候，就很难再产生强大的内驱力，随之而来的就是意志消沉、倦怠、缺乏进取心，什么都懒得做、懒得费心思考、懒得费力尝试、定好的任务能推一天算一天，或者干脆束之高阁，这种懒惰型的拖延最终的结果就是一事无成。

▶ 假象型拖延症

假象型拖延具有一定的隐蔽性。从表面上看，这种类型的拖延症患者好像非常努力——他们常常第一个到办公室，加班到深夜还不回家，有的人还为此非常骄傲，觉得自己十分"上进"。但要问他们如此

"拼命"究竟取得了什么成果？获得了哪些回报？他们就会哑口无言。他们所谓的"上进"不过都是些掩盖拖延的假象——正是因为办事效率低下，才会将工作的时间无限延长，可是他们却选择性地忽略了这一点，还不断地进行自我麻醉，让自己在拖延的怪圈中越陷越深。

▶ 穷忙型拖延症

穷忙型拖延症与假象型拖延症有相似之处。穷忙族也是让自己忙忙碌碌，不过他们不光会忙工作、学习上的事情，还会忙一些没有意义的琐事。他们办事没有头绪、缺乏条理、精力分配不周，常常在鸡毛蒜皮的小事上投入大量的时间和精力，致使正事被拖延，最终自己也难有收获。

▶ 情绪型拖延症

情绪型的拖延，每个人都可能会遇到。如接到一项工作任务的时候会因为任务难度较大、完成比较困难而产生一种厌恶情绪。一般人们都会想办法从积极的角度考虑问题，为自己排解情绪，说服自己勇敢战胜困难、完成任务。可是重度拖延症患者会受困于负面情绪，甚至还会把焦虑、烦躁、痛苦的情绪放大，使自己无法再继续行动，所以经常造成任务失败，而这种失败更会加剧心中的负面情绪，如此恶性循环、无休无止。

▶ 苛求型拖延症

这类拖延症患者往往也是完美主义者，他们对自己的要求过高，总是担心行动的结果无法让人满意，因而迟迟不能踏出关键的第一步。其实他们是对自己过于苛求了，在行动之前，并不用考虑过多、担心过多，只要拿出全部努力去行动就足够了，就算结果不如人意，也可以在后续的改进中获得完善。可要是因为吹毛求疵而过度拖延，就会耽误很多时间却一无所获。

▶ 被动型拖延症

与其他类型的拖延症相比，这类拖延症患者并不是因为主观原因才造成了拖延，可是他们往往很容易受到被动因素的干扰，无法安心行动。比如，他们不懂得拒绝他人不合理的要求——在做事的过程中如果有人打断他们，他们不会据理力争，反而会无条件地配合他人，结果让自己的任务无限期拖延。虽然责任并不在他们自己，结局却和其他拖延症患者殊途同归。

在认识了上述这几种拖延症的特点之后，我们就可以简单地分析一下，看看自己到底属于哪一种拖延症，找到了症结所在，我们才能对症下药。

拒绝拖延，摆脱大脑里的"欢乐猴"

"明日复明日，明日何其多"，对于享乐型的拖延症患者来说，在生活中似乎总有太多比工作、学习有趣的事情让他们无法按照既定的计划去行动，他们不停地将今天的任务推到明天、明天的任务推到后天……

逛街、闲聊、看电影、看新闻、玩游戏、刷微博……一天的时间一下子过去，手头的任务却一件也没有办完。沉迷享乐让他们的执行力越来越低下，也给他们的工作和生活带来了很多困扰。

美国一位著名的博客写手蒂姆·厄本就曾经患有严重的享乐型拖延症，并且已经影响到了正常的工作和学习。厄本平时需要写很多的论文。一般人在写论文的时候，会列出计划表、安排好每天的任务，开始的第一周进度可能会慢一点，后来越来越熟练，写作质量也会逐渐提升，通常不到截稿日就能完成论文。

厄本最初也是这么安排的，可是由于拖延症作祟，他第一天并没有动笔，而是去做了别的事情；第二天同样如此；第三天，第四天……眼看着截稿日期就要到了，厄本怀着对自己的极度鄙视，无可奈何地开始了写作。这时，他要在短短72小时内完成别人30天的写作量，那种痛苦和压力真是难以言喻。虽然最后他通宵苦战，勉勉强强算是完成了论文，可是这样的论文质量又如何呢？就连厄本自己都觉得"非常差劲"。

厄本为此十分苦恼，他花了几年时间来研究"拖延症"的问题，并且颇有心得，这些研究也使他慢慢摆脱了拖延症的控制。为了帮助更多的人，厄本把自己的想法用非常诙谐的语言描述出来：他认为在每个非拖延者的大脑中都住着一名"理性决策人"，可是在拖延症患者的大脑里，除了理性决策人外，还有一只享乐的猴子——欢乐猴。一旦主人要做一些实际性的工作，欢乐猴就会抢过大脑的方向盘，让我们想要去做一些简单和开心的事情，于是拖延就开始了。可是理性决策人知道这么做是不合理的，于是在和欢乐猴发生冲突的时候，我们就会感觉到内疚、恐惧、焦虑和自我憎恨，而这正是拖延症患者会常常感受到的情绪。

等到临近截止日期的时候，大脑中的"惊慌怪兽"突然醒来——这也是是欢乐猴唯一害怕的东西，它一溜烟逃走了，方向盘终于回到了理性决策人的手中，此时拖延症患者才会像大梦初醒一样拼了命地开始工作。厄本认为这就是拖延症患者的系统。它显然并不美好，因为快乐猴带来的都是虚假的快乐，惊慌怪兽却会制造真正的恐惧和痛苦。

厄本的研究从一个非常有趣的角度为我们揭开了享乐型拖延症的原理，现在回想一下我们的拖延问题，是不是也曾经发生过很多次被欢乐猴夺走方向盘的情况呢？在心理学上，这种现象被称为"即时倾向"，就是说大脑会倾向于认为当下能够得到的满足感更加重要，所以有的人就会被欢乐猴所左右——只管现在愉快就好，今后的事今后再说吧。

这种"即时倾向"就像欢乐猴一样不时地前来滋扰我们，使我们沉迷于一时的满足，却无法为真正有意义的事情展开行动。比如我们准备设计一份方案，刚开始动手列大纲的时候，大脑中的欢乐猴就叫嚣着要去看一集美剧、听一会儿音乐；我们正准备在房间里学一会儿数学，欢乐猴却撺掇我们出去逛街，还说"大好春光，不能辜负"；我们正准备不惜代价完成一个减肥计划，欢乐猴却提醒我们常去的餐厅又出了一款美味的新品……假如我们接受了欢乐猴的建议放纵了一次，之后类似的情况就会越来越多，偶尔的放纵会慢慢成为惯例，让我们逐渐成为一名重度拖延症患者。

那么，我们怎么做才能摆脱欢乐猴的控制，让自己的享乐型拖延症逐渐减轻呢？

▶ 将截止日期尽量提前

截止日期可以带来一种紧迫感，能够在大脑中制造"惊慌怪兽"，可以让追求及时享乐的欢乐猴暂时退却。所以为了有效减少拖延，我们可以将设定好的截止日期再提前一些。假如一篇论文的规定完成时间是一个月，我们就可以把期限设为 20 天，这样紧迫感就会大大增强，它会促使我们及早开始行动，避免把任务拖到最后时刻。

在克服拖延症的时候我们还要注意，有一些任务本身是没有截止日期的，像学习课程、锻炼身体、保持健康等，它们因为目标不具体，也就不具备明确的截止日期，这常常会让大脑中的欢乐猴更加放纵，由此就会造成无限拖延的情况，让我们永远都无法获得想要的结果。对于这种任务，我们不妨自行设定一些量化的目标以及对应的截止日期，如此就能够有限地减少拖延问题。比如"在 15 天内学会 100 个单词""在一个月内将体重减轻 3 公斤"等，这些目标和时间期限会让我们抓紧时间行动起来、避免无休无止的拖延。

▶ 绘制并使用时间表

除了制定截止日期外，我们还可以引入时间表来对抗欢乐猴。方法和前面介绍的番茄钟有些类似，这种时间表根据任务的难度和自己的能力以及一些实际条件来制作，可以按天制作，也可以按周制作，但是最长期限不能超过一周，否则就会拉长时间与反馈之间的距离，让时间表的作用减弱。

以按天制作的时间表为例，为了约束欢乐猴，我们可以把表格上的单位设为10分钟甚至更短。然后在每个表格中填写上当天要完成的任务，比如用两个表格的时间来工作，在这20分钟内必须保持精神高度集中、心无旁骛，不给欢乐猴可乘之机。之后再用1个表格的时间来放松，在放松的时间也要全情投入，不要再想与工作有关的事情。如此一个表格一个表格地严格要求自己，就不会出现因为总想着玩耍而不断拖延的问题了。

▶ 让自己学会延迟满足

欢乐猴之所以能够屡屡得逞，就是因为人都有追求"即时满足"的心理，而要克制这种心理，就要不断地训练自己，让自己学会"延迟满足"。所谓延迟满足，就是为了追求更加远大的目标、获得更加丰厚的回报，我们可以克服自己一些当前的欲望、放弃近在眼前的一些诱惑。

也就是说，在大脑中的欢乐猴催促着我们、让我们去寻求一些暂时的享受的时候，我们要及时说服自己尽量忍耐一下，因为只有先把手头的工作做好，才能带着轻松的心情去玩乐，也能够减少很多因为拖延而引起的负疚和自卑感。

最后，我们也不要忘记发挥大脑中理性决策人的作用——要学会用理性的思考战胜欢乐猴。我们在做每一件之前，都要先用理性的思维分析利弊得失，并要学会如何做出理性的判断，这样就能够避免将时间浪费在没有意义的事情上面，拖延症也会慢慢好转。

扔掉"舒适度"，从"床上"跳起来

在生活中经常会出现这样的情景：一些拖延症患者被清晨的闹钟惊醒了，他们想着今天要完成的任务，挣扎着想要从床上爬起来，可是又舍不得舒适温暖的被窝，于是懒洋洋地给自己找了个借口："我再睡一会儿吧，再睡一会儿就起来。"谁知这一懒下去就过去了很长的时间，当天的计划也遭到了拖延，更谈不上提升执行力了。

懒惰是滋生拖延的温床，很容易让人意志消沉，精神萎靡。我们在面对手头的任务的时候，懒惰病一旦发作，就会给自己找出一些理由、借口，好让自己能够继续停留在"舒适"的地带，拖延症也会随之加重。

大学生小吴就是一个懒惰型的拖延症患者，认识他的人都知道他有个绰号叫"吴大懒"。一走进小吴所在的寝室，大家很容易就能找到他的铺位，因为懒惰的他从来不会好好收拾自己的衣服和被褥，各种杂物就那么乱七八糟地团成团、胡乱地堆在铺位上。室友劝过他很多次，他嘴上说着"我会收拾的"，但从来没有真正行动过。

这天辅导员打来电话，说学院领导要来检查寝室卫生，要求各寝室一定要把卫生做好。按理说，有了压力，小吴应当抖擞精神、开始收拾个人卫生了吧。可是，小吴刚叠了几件衣服就觉得累了，他坐在床边上抱怨连天，说学院领导管得太宽，害得他没有一点个人自由。发了一会儿牢骚后，小吴决定先躺一会儿再整理。他好不容易在乱糟糟的床上理出了一点空间，就随意地躺下去，蒙上被子睡着了。

也不知道过了多久，小吴终于睡醒了。他伸了个懒腰坐起来，却看见寝室室长正气呼呼地瞪着自己。小吴奇怪地问："你为什么这么看着我？"室长生气地说："你睡着的时候学院领导来过了，我们寝室就因为你，卫生评级的结果是'差'，人家别的寝室都是'优'。"小吴惊讶地张大了嘴："啊？怎么会这样，我本来想睡醒再收拾的。"室长却已经不再理睬他了，小吴心中十分后悔，却也不知该如何补救。

小吴因为懒惰一直拖延着不去整理卫生，造成了严重的后果。这也说明懒惰和拖延确实是一对"难兄难弟"，它们是对宝贵生命的一种无端浪费，会让我们做任何事情都裹足不前，还会影响他人对我们的看法，使我们无法成为值得信任和依靠的对象。

有这样一个故事，说的是一名立志从事天文学研究的大学生好不容易获得了一个难得的机会，成了一位著名天文学家的助手。不过，天文学家在观察了他一段时间后，得出了这样的结论："你不可能在天文学方面有所成就。"

大学生不解地问天文学家："您为什么会这么说？我到底哪里做得不好？您告诉我，我一定改正。"天文学家说道："想要观测天体的运行，就要没日没夜地守在天文台上，可你自己回顾一下，这个月你有几天坚持这么做了？还记得我让你观察一颗卫星的轨迹吗？结果你百般拖延，一会要去和朋友约会、一会要去看电影，然后你又睡过了头，现在再想找到那颗星，已经不可能了。你总是说一套做一套，懒惰成性，这样的你不可能再做我的助手，请你离开吧。"

这个年轻人就是一个被懒惰偷走了执行力的人，他明明知道自己有更重要的工作要完成，可是不由自主地放任自己去玩乐、睡觉，使得时间白白被浪费，任务无限拖延，最终也成了天文学家眼中"懒惰成性"的人。

为了避免这种恶果，我们要经常自我鞭策，努力将懒惰从身边赶跑，这样才能逐渐养成不懒惰不拖延的好习惯，我们的执行力也会不断增强。

其实，想要战胜懒惰型拖延也不是特别困难，我们可以从以下几个方面做起。

▶ 消除内心的恐惧

有时我们陷入拖延可能是因为对未知的情况充满恐惧——害怕做错、害怕做不好、害怕受累，这些恐惧感会让我们更加留恋自己所处的"舒适区"，也会让自己变得更加懒惰，所以我们首先要克服内心的恐惧感。比如我们可以不断告诉自己："这件事没什么，非常简单，我只要花一点时间就能完成"，这种心理暗示可以让我们的内心变得更加强大，更有可能让我们看到自己所具有的潜在能力，之后也就能够大胆地去行动，而不会出现懒惰拖延的情况了。

▶ 不要找太多借口

懒惰的人喜欢为自己的拖延找借口，"我手头上还有别的事情要处理呢""离出门只有半小时了，算了，晚上回来再做吧""我最爱的漫画又出新番了，我得去看一眼"，诸如此类。他们找起借口来理由充分，却很少把这些智慧用在做正事上，这的确是一件值得深思的事情。其实，再多的借口都只是为了逃避立即行动，是一种为了偷懒而进行的自我欺骗行为。所以，为了摆脱懒惰型拖延，我们应该学会对所有的借口说"不"，只有拒绝借口，我们才能养成主动行动的习惯，将懒惰和拖延远远甩在身后。

▶ 先从小事做起

懒惰和拖延一旦形成了习惯，想要在短时间内改正是很困难的。为了不让自己的积极性受到打击，我们可以先从身边的小事做起，比如先培养"早睡早起""叠被铺床"的好习惯。别看这些都是小事，可要让懒惰的人一听到闹钟就从床上坐起来，还真不是一件容易的事。所以我们也可以把这一件件小事视为一个个任务，并将它们记录在笔记本上，每完成一个任务，就打一个"√"，这能让我们获得一种心理上的满足感，也更容易克服懒惰和拖延的毛病。

需要提醒的是，懒惰型拖延症患者一般还会有自制力不强的问题，所以为了避免半途而废，我们还可以邀请家人、朋友、同事来监督自己改进，并且要努力坚持再坚持，这样才有可能真正摆脱拖延症，变得勤奋上进。

停止穷忙，赶走拖延

现在有一种很流行的说法叫"穷忙"，一些整日奔波劳动，却只能拿到一份微薄薪水的人，都被划入了"穷忙族"，"越忙越穷，越穷越忙"已经成了他们的真实写照。

穷忙族们对于自己的境遇其实也很委屈，他们不知道为什么自己每天挣扎得这么辛苦，有时甚至累得喘不过气来，可是生活质量却始终没有显著的提高。他们也很羡慕那些成功人士——好像轻轻松松就能获得财富和成就，能够自由地主宰自己的生活。

到底是什么造成了这种"穷忙"现象呢？答案就是"拖延"。说到这里，一些穷忙族肯定会表示反对："我已经很忙碌了，一刻都没有休息，怎么能说我拖延呢？"那么，请扪心自问，我们真的很忙吗？在忙碌之后我们是否拿出了有说服力的成果呢？

下面让我们来看看一位穷忙族的日常生活，相信看完后，这两个问题也就有了答案。

小赵是一个年轻的上班族，上班时间已经超过 5 年。刚工作的那会儿，他心中充满了远大的志向，一心想要给自己找一个发挥才华的舞台。可是时间一年一年过去，小赵还是在职业道路上原地踏步，看不到一丝前进的希望。

不知不觉中，小赵的心态变得越来越消极，他从一个自信、阳光的年轻人变成了碌碌无为的穷忙族。为了节省房租，他在离公司很远的地方跟人合租了一套房子。每天早上，小赵要乘坐 90 分钟的公交车才能到公司。上班的路上辛苦，小赵到了公司后觉得全身的力气都像被抽走了，干工作也提不起劲。于是他照例先看看娱乐新闻，又刷了会儿微博，让自己放松放松。一晃一个多小时过去了，小赵急急忙忙地打开电脑开始工作，可是因为拖延得太厉害，他手头已经堆积了不少事务。

小赵开始埋头撰写一份报告，刚写了几句话，顶头上司就发来了信息，问他怎么还没处理好票据报销的事情。小赵敷衍了上司几句，放下了报告，连奔带跑地去财务部填报销单去了，当然在这里他难免又要和同事"八卦"几句，浪费了一些时间。

回来的路上，小赵遇到了其他部门的一位同事，催问他什么时候才能提供需要的数据，小赵连声答应着"马上，马上"，心里却知道这个"马上"肯定是遥遥无期……

这一整天时间里，小赵四处奔波，忙得不可开交，按他自己的话来说就是"连喝口水的工夫都没有"，可是直到下班的时候，他真正办好的事也没有几件。上司对他的态度越来越不耐烦，说他办事毫无章法、缺乏执行力。

小赵委屈极了，明明自己一整天都在忙，为什么上司却看不到自己的辛苦呢？

这个案例中的小赵，毫无疑问就是一个典型的穷忙族，他从早到晚都不停歇，觉得自己忙得要命，可是八卦新闻没有少看、微博没有少刷、同事之间的聊天也没有少参与，如此拖延下去，真正留给工作的时间并不多。不仅如此，他在行动时也缺乏清晰的条理，总是想起哪件做哪件，哪件催得急做哪件，结果行动计划一再被打断，最后什么事都没做好。像这样效率低下的行动作风自然不会得到上司的好感，拿不出实际成果的小赵想要在公司获得晋升也是希望渺茫，只能维持着这种穷忙的状态，难以获得改观。

小赵用自己的工作实际勾勒出了穷忙的真谛，那就是一种变相的拖延，是毫无实际意义的低效行动。在"忙"的假象之下，掩藏的都是执行力差、效率低下、注意力不集中、热衷于拖延这样的事实。

那么，想要跳出穷忙型拖延的怪圈，该怎么做呢？

▶ 只做有价值的事情

有很多事情其实并不重要，但我们却将大量时间和心思花费在上面，无形中已经忽略了真正重要的事情。更为糟糕的是，我们在完成了这种不重要的事情后，还误以为自己很忙，其实这只是一种自我安慰。

要避免这种"穷忙"，就得分清楚哪些事有价值、哪些事没什么价值。比如为了朋友圈里的几个点赞就精心修饰自己的照片、设计精美的话语、花费大量时间发一条动态，这就是价值不高的事情，因为它无法带给我们切实的收益。与其把精力浪费在这类事情上，还不如做些更有意义的事情，让自己获得更加丰厚的回报。

▶ 寻找提升效率的方法

"穷忙族"肯定早已发现，同样的工作内容，自己需要花费九牛二虎之力才能完成，而且完成的效果也只能算是一般。可一些高效能的人士不费吹灰之力就能完成，而且效果非常理想。之所以会出现这么明显的差异，就是因为高效能人士善于使用提升效率的方法——他们不会毫无头绪地瞎忙、穷忙，而是通过自己敏锐的头脑、灵活的思维来分析问题、判断问题。相反，"穷忙族"的行动常常缺少了最重要的"思考"一环——他们总是习惯拿到任务就开始埋头蛮干，这种不注重效率的做法常常会让行动出现偏差，之后他们又不得不重新返工，造成越忙越乱的局面。

因此，穷忙族必须开始思考，思考更加轻松、更加快捷、更加简单的行动方法，所谓"磨刀不误砍柴工"。就拿统计员工工资的工作来说，不懂方法的人会用计算器和纸笔一条一条地计算，结果浪费了很多时间和精力，还容易出现错误；而那些善于寻找方法的人会使用 EXCEL 等软件制作工资表，然后进行汇总统计，不但操作起来更加简单，还省时省力。像这样的方法还有很多，我们只有积极思考，才能找到简便、高效的方法，让自己摆脱辛苦穷忙的怪圈。

▶ 把精力集中到一件事上

精力不集中也是穷忙族遇到的主要问题之一。在大多数情况下，一个人的精力只能集中在一件事情上，如果非要分心思考或关注几件事情，而且这些事情彼此之间也缺少内部联系的话，就会让自己的精力分散，最后难免出现忙忙碌碌半天却一件事都做不好的情况。

要想解决这个问题，就要做到在工作过程中保持精力高度集中。事实上，如果我们能够全神贯注于眼前的事务上，就能够激活自己的思维潜能、发现解决问题的好办法，但要是同时分心兼顾多个问题，就无法达到这种效果。

所以在工作中，我们要尽量坚持一鼓作气，能不停顿就不停顿，直到把一个问题处理圆满后，再去集中精力处理第二个问题，这样才能让自己慢慢摆脱一事无成的穷忙状态。

战胜拖延的利器——工作愉悦度

很多人之所以在工作时拖拖拉拉、执行力差，主要是因为他们对自己正在进行的事项缺乏兴趣、找不到任何愉悦的感觉，所以很容易被其他"更有意思"的事情分走注意力，出现情绪型拖延症。因此，培养自己的工作愉悦度、让自己能够在工作中体验到快乐、享受到成就感，能够减少很多拖延的可能。

下面就是一个关于拖延的故事，相信主人公的经历大家并不陌生。

李静刚刚升任某公司的市场部经理，新官上任，她手头的事务堆积如山，让她有一种手忙脚乱的感觉。

这天一大早，李静走进自己的办公室、打开电脑，一看到电脑上那份未完成的市场分析报告，她就不由自主地皱起了眉头。这份报告是上司交代她一定要在本周五之前上交的，她也知道这个任务非常重要，可能会影响上司对自己能力的评价。可不幸的是，李静对于撰写报告很不在行，一想到又要处理那一大堆枯燥的数字和表格，她就开始烦躁起来。

她打开报告看了5分钟，感觉痛苦得不得了，恰好这时有个朋友发来了一条微信，李静如蒙大赦，赶紧抓起手机看了起来。跟朋友聊了一会儿天，又刷了会儿朋友圈，时间过去了半个小时。李静知道不该再拖延下去了，就强迫自己放下手机，回到电脑旁。

可是她好不容易绞尽脑汁敲下了几行字后，烦躁、痛苦的情绪就又来了，她索性站起来，离开了办公室，到茶水间去给自己泡了一杯咖啡，在那里又遇到了几个闲聊的同事，于是又和他们东拉西扯地交流了一阵子。等她回到办公室的时候，已经是一个小时后了。

李静再次坐到电脑前，还没来得及去看报告，部门群里正在讨论的话题又吸引了她的注意……就这样，一天时间很快就过去了，李静的报告却仍然没有什么进展。这时距离最后的期限已经不足 48 小时了，李静愁得不知该怎么办才好。

李静在工作中陷入无休止的拖延，就是因为她在面对自己不感兴趣的工作时，找不到一点愉悦感，为了缓解"痛苦"，她会放任自己被各种"理所应当"的事情耽误上一段时间，由此导致拖延问题越来越严重，执行力也越来越低下。

类似这种拖延，其实是情绪因素造成的，正因为我们对工作有烦躁、厌恶、抵触的情绪，很难耐着性子认真对待。所以要想解决这种类型的拖延，就要从梳理情绪入手，要想办法从工作中发现快乐、创造愉悦感，这样才能产生无穷的执行力，让拖延的问题一扫而光。

以下这几条建议对大多数情绪型拖延症患者都很适用。

▶ 改变自己对工作的态度

如果不喜欢自己正在从事的工作，就难免会像案例中的李静这样，总想着用拖延来让自己逃避一会儿，但是逃避又会加重自己对工作的厌恶和恐惧，从而形成一种恶性循环。要想打破这种循环，就要首先改变自己对工作的态度。就像李静本来不喜欢写数据报告的工作，但她可以这样想，如果自己能够理清那些复杂的数据之间的关系，就能够提升分析能力、调研能力，就更可以胜任自己的新职位，也不会辜负领导提拔自己的期望。如此一来，她就不会再觉得这项工作是负担，相反，她还会抓紧时间把工作做到尽善尽美，并有可能在找到窍门后喜欢上这项工作。

有位心理学家这样说道："很多成功的人都是热爱自己工作的人，他们对待工作就像是谈恋爱一样，会倾注自己全部的真心，喜欢它、迷恋它，为了工作可以忘记其他一切事情。"如果能够像这般热爱自己的工作，那么也自然不会在工作中出现不必要的拖延，执行力还会节节攀升。

▶ 对自己进行积极的心理暗示

有拖延问题的人常常会不由自主地给自己找理由"放松"一会儿，但放松后重新回到工作中时，各种消极情绪就会瞬间爆发，让人想要马上从办公桌前逃走。因此，当我们的大脑中产生了"放松"的想法后，我们就要赶紧给自己一个积极的心理暗示："把手头的这个任务处理完，我就奖励自己放松一会儿——去看一部最新上映的电影。"这样一来，消极情绪就会被一种期待感替代，我们也就能够暂时按捺住多余的想法，安心坐下来好好工作了。

当然，如果我们要处理的任务一时半会儿可能得不到彻底的解决，为了避免消极情绪堆积，我们不妨将任务拆分成几个节点，在每个节点给自己安排一个"奖励"，并且不断地对自己进行心理暗示，这样就能减少很多拖延的可能了。

▶ 缓解身体和精神的疲劳感

为了防止拖延，我们还要注意将工作节奏设置得张弛有度，不要总是让自己处于一种疲于奔命的状态，这样很容易引起情绪低落、悲观、消沉、烦躁，所以在适当的时间也要休息一下，让身体和精神的疲劳感得到释放，然后轻装上阵，用最好的状态发挥出最强的执行力，做好手头的工作。

这里所说的休息和没有原则的拖延截然不同，拖延是没有正当理由的，会造成执行力低下、工作效率降低，也让自己产生强烈的内疚感；而休息则是为了更好地工作，在充分的休息之后，头脑会更加清楚、反应会更加敏捷、体力会更加充沛，工作起来心情也会更加愉悦。

▶ 在工作中发现乐趣和成就感

有很多人觉得工作缺少乐趣，是因为他们将工作完全当成了谋生的手段，所以上班的时候大部分时间都是在应付差事，在工作中他们也找不到自己的价值，所以会出现情绪消极、办事拖拉的问题。为了改变这种情况，就得学着将目光放长远，要看到工作能够带给自己的不仅仅是金钱收益，还有更多可贵的东西，能够提升我们的各项能力、能够为我们带来可靠的人际关系、能够为我们提供美好的职业前景等。

实际上，如果认真去寻找的话，就会发现工作每天都能带给我们不一样的快乐，每完成一个目标、想出一个新创意、获得一次上级的肯定、和同事分享一项优秀的成果，都能让人感觉到愉悦，只不过我们可能没有特别留意，才会忽略了很多工作带来的愉悦。所以我们得努力去发现工作的乐趣，这样才会让自己乐在其中、不再拖延，执行力也会随之不断提升。

承认不完美，向拖延宣战

你是个过于追求完美的人吗？在每一次行动之前，你都会担心一些细节会不完美吗？你曾经因为追求完美而拖延应该进行的任务吗？

如果这些答案的问题都是"是"，那你可能已经是一位苛求型拖延症患者了。苛求完美的人，关注点永远是行动中可能出现的缺憾，这会让他们感觉恐慌，进而做出逃避的举动，使得任务的完成遥遥无期。

琳琳最近迷上了烘焙，她整天在网上看一些美食视频，看到那些制作精美、散发着迷人香气的蛋糕、蛋挞，琳琳心中蠢蠢欲动，很想亲自去尝试一番。

由于琳琳对于如何烘焙一无所知，也不知道该从哪里开始行动。所以她花了些时间，查了很多教程，发现想学好烘焙还真不是一件容易的事情。首先她得购买烤箱、搅拌器、电子秤、刮刀、面粉筛、裱花嘴等一大堆工具，同时还要准备烘焙材料，像低筋面粉、奶油、黄油、细砂糖、泡打粉之类的材料一样都不能少。

很多初学烘焙的人都是准备上几样必备的工具和材料就开始动手，琳琳却要追求完美，她总是说："我得把所有的工具和材料都买齐，才能开始学习。"之后的那些天，她花费了不少精力，终于配齐了所有要用的物品。

可是真正该动手去做的时候，琳琳的完美主义又发作了，她一遍一遍地看教学视频，就是不敢动手去做。那些新手烤出来的奇形怪状的蛋糕让她望而生畏，她皱着眉头对自己说："多学几天再做吧，我要一次做出完美的蛋糕。"然而，看了几天视频后她还是不敢去碰烤箱，她在担心很多问题——怕自己的奶油打得不好、怕自己掌握不了烤箱的火力、怕自己弄错了原料的配比……就这样，追求完美的她到现在也没有真正动手做过蛋糕。

为什么琳琳这么喜欢烘焙，却一直无法行动呢？原因是过度的完美主义在作祟，虽然这样可以减少很多出错的概率，但是也剥夺了她行动的决心，让她逐渐陷入了苛求型拖延症而不自知。

和琳琳一样的拖延症患者往往对自己有过高的期望，这种高期望使他们很害怕由于在行动中受挫而产生的失望、痛苦的情绪，因此也就造成了一次又一次的拖延，严重的时候甚至会放弃整个任务，导致彻底的失败。在这种情况下，他们之前为了行动精心准备的一切也就白白浪费了。

要想消灭这种苛求型的拖延症该怎么做呢？

▶ 调整期望，不要苛求

对于行动的结果抱有过高的期望，是造成苛求型拖延的首要原因，所以想要停止拖延也要从调整期望值入手。不要总是要求自己第一次行动就能获得完美的结果。比如，我们正在准备一次演讲比赛，就不要总是抱着"我一定能拿第一名"的期望，而是可以适当地调整自己的期望："我争取得第一，不过得不到第一我也不气馁，毕竟这次参赛选手实力都很强，我只要能够发挥自己全部的实力就足够了。"带着这样的期望，就不会过于苛求自己，也就不会对即将到来的行动充满恐惧了。

▶ 降低目标，减少受挫

在行动前如果设定了过高的目标，就会让我们产生一种强烈的受挫心理，它会反映到之后的行动中。为了避免出现这种情况，我们应当适当降低自己的目标，并可以将它设定成能够清晰描述的、可以量化的、有很大可能能够达成的目标。

比如在本节案例中琳琳将"一次性做出完美的蛋糕"视为目标，这显然就超出了一个初学者的能力，也会让她在真正动手时更加犹豫和不安，她会害怕由于自己完成不了目标而产生的受挫感。为了解决这个问题，她可以将目标降低为"做个勉强像样的蛋糕"，这个目标是很容易达成的，在达成后也能让她体验到成功的快感而非受挫感。

当然，由于行动的结果总是不可预知的，我们可能迎来成功，也可能不得不接受失败。对于苛求完美的人来说，失败对于他们来说简直就是灭顶之灾，会让他们在很长一段时间里难以挣脱痛苦和失望的情绪，这种情绪体验又会加剧他们的拖延症，使他们在再次行动时瞻前顾后、难以入手。

对于这种情况，就要学会调整自己的情绪，要多从积极的方向考虑问题，不断对自己进行心理建设。要注意把任务的成败与否和个人的能力、价值区分开来，直到自己能够对痛苦、失望的体验产生一定程度的抵抗力，能够将每一次失败都看作个人成长的契机时，在下一次行动时才会更加从容，才可以减少很多不必要的拖延和犹豫。

对那些让你拖延的人说"不"

有的人之所以执行力差、办事拖拖拉拉，不是因为他们自己对任务不感兴趣，也不是因为他们贪图享乐，而是因为他们不会拒绝他人的不合理要求，才会让自己正常的计划被打断，造成被动拖延的问题。

刘杰就是一名典型的被动拖延症患者。他在单位里是大家公认的"老好人"，无论别人请他帮忙办什么事，刘杰不管自己有没有时间，都会干脆利落地答应对方，可是这也会让他自己的工作节奏被拖慢。

这天早上，刘杰正在起草一份文件，坐在他旁边的小沈就走了过来。小沈向刘杰请教道："刘哥，您昨天给我讲的这个办法我还没有搞懂，您能再给我讲一次吗？"刘杰看了看自己的文件，又看了看小沈诚恳的眼神，说："行，你坐下，我慢慢给你讲。"

刘杰用了40多分钟时间才解决了小沈的疑问，小沈满意地走了，刘杰也松了一口气。可是没过一会儿，部门经理又走了过来，对刘杰说："老刘，人事部的方经理住院了，咱们部门要出人去看望一下，你帮忙收一下钱买点礼物。"刘杰张了张嘴，本来想说："我这还有急事，你找别人去做吧。"可是还没等他说出口，经理就已经转身走了，刘杰只好无奈地离开座位去找同事们收钱。

好不容易做完了这件事情，刘杰又一次回到办公桌前，刚要坐下工作，却发现快到中午订餐的时间了——不知从什么时候开始，订餐这件事也成了刘杰的责任。这不，一到饭点，同事们都开始招呼他了："老刘，帮我叫一份排骨面""老刘，我中午吃经济套餐，别忘了哈""老刘，帮我订和昨天一样的饭，钱明天一块给你"……刘杰一面答应着，一面拿起笔在纸上记录着，心里虽然不太高兴，但就是说不出拒绝的话来。他看了看自己那个刚开头的文件，忍不住叹了口气，不知道什么时候才能完成任务。

刘杰在面对他人各种合理不合理的要求时，因为害怕得罪人，只能勉强硬撑，说不出一句拒绝的话语，结果屡屡受到他人的干扰，使自己完成任务的时间无限延长。如果我们像刘杰这样习惯了做没有原则的"老好人"，不但会让自己的执行力严重下降，还会让同事、上级将我们的付出视为理所当然。所以，在面对不合理的要求时，我们一定要学会说"不"，才能挽回自己不应该付出的时间和精力，才不会让自己成为被动拖延症的牺牲品。

有的拖延症患者总是担心如果自己拒绝了他人会引起对方的不快，也会影响自己的人际关系。其实只要在拒绝的时候使用一些技巧性的话语，就能够在不触怒对方的情况下让对方知难而退。

下面就教给大家一些巧妙拒绝他人的好办法。

▶ 用"挡箭牌"来拒绝对方

如果有人提出了不合理的要求，我们想要拒绝对方又不好明说的话，就可以想办法找个"挡箭牌"——借他人之口来表达拒绝的意愿，让对方无可奈何。比如我们正为手中的事务焦头烂额的时候，一名同事却提出想让我们帮忙完成某事，而这件事情又不在我们的职权范围内，这时我们就可以搬出"挡箭牌"来拒绝："经理让我把这份报表马上交上去，我现在实在是腾不出时间帮你，不好意思啦。"对方一听是经理的要求，也就不会再继续坚持下去了，这样我们就能避免被对方拖延，可以继续安心地去处理自己的任务了。

▶ 用暗示的方法拒绝对方

想要拒绝对方，还可以用暗示的办法让对方认识到他的要求不妥，这样他就有可能收回不合理要求，不会再继续为难我们。比如在我们手头已经堆积了很多事务的情况下，上司又下达了新的指示，将我们原定的部署完全打乱。这时我们就可以这样对上司说："我现在参与了 1 个大型项目，手头有 2 个小项目的计划要做，还有您刚刚交给我的这份报告，请问我应该先处理哪个更好？"这样一来，上司就会发现他的安排有不合理之处，确实超出了我们的能力范围，这样他就有可能会重新安排任务，并把一些细枝末节的工作交给别人去处理，而我们的工作计划也就不会受到干扰。

▶ 在拒绝的同时给出有建设性的意见

有的时候，如果担心拒绝会让对方不开心或没面子，我们也可以在拒绝的同时尽量提供一些有建设性的意见供其参考，这样能够表现出一种真诚的态度，对方感受到后能冲淡很多不愉快的情绪。

比如在本节案例中，刘杰忙于手头的工作时，同事却突然来请教问题，刘杰就可以在拒绝后这样说："我在某网站上看到过类似的案例，我把网址先发给你，你可以参考一下。如果还有不明白的，等我手头的工作告一段落，我再给你细细地讲这个问题。"这样的态度能够给对方留下热心、真诚的好印象，虽然对方确实遭到了拒绝，但他也不会对我们有不好的评价，而我们也可以安心地继续工作。

总之，拒绝可以帮助我们摆脱很多额外的事情，所以一定要学会拒绝。这可以为我们节省下很多时间和精力，让我们可以专注于自己当前的首要任务，避免拖延。

执行力是最好的潜能发掘机

潜能就是我们本身具有的、没有表露在外的能力，这种能力往往具有很强的隐蔽性，会被我们忽略，使我们无法有效地认识自己的能力，更不知道该如何开发、提升自己的能力。其实有很多事情我们本来可以做到，只是因为潜意识在不停地催眠我们，让我们变得犹豫，认为自己"做不到""不会做"，无法展现出自己的潜能。

要想摆脱潜意识的束缚、挖掘出深藏在我们体内的潜能，就要停止犹豫、大胆地行动。执行力可以说是最好的潜能挖掘机，在不确定自己是否具有某种潜能的时候，只要去行动一下、尝试一番，就能获得答案。

有一个发生在话剧院的故事。说的是一位负责日常事务的场务对表演特别感兴趣，每天完成自己的工作之余，她都会守在舞台旁，静静地欣赏演员们的表演，目光十分专注。有一位导演注意到了她的表现，就对她说："你这么喜欢话剧，为什么不去试镜呢？"

她苦笑着回答："我连一天表演课都没有上过，怎么和人家比啊，还是不要去出丑了。"导演劝了她几次，她都是这个态度，导演也就没再多说什么了。

有一天，这个剧团正在为一个大型演出进行排练，没想到就在这关键的时候，一出话剧的女配角突发急病，住进了医院。导演一时也找不到可以替代的人选，急得像热锅上的蚂蚁一样来回乱转。

突然，导演脑海中灵光一闪，想到了担任场务的她，导演知道她每次排练都在用心看、用心学，对于台词、走位等细节都烂熟于心，于是导演就果断安排她来出演这个角色。

场务知道这个消息后，又激动又害怕，她一点信心也没有，很害怕自己会把戏演砸，辜负导演的期望。所以一开始，她束手束脚的不敢大声说台词，也不敢正眼去看其他演员，排练效果非常糟糕。导演实在忍不住了，便对她生气地喊道："你就大胆地表现啊！就当给自己一个机会，到底能不能演，你总得试试才知道吧！"

场务挨了这一通训斥，窘得面红耳赤，不过她心中也生出了一股不服输的信念。她抬起头来，用坚定的语气对导演说："我会好好表现的。"之后，她把所有的顾虑都抛在脑后，就按照自己对角色的理解，大胆地表演起来。她的表现让导演和其他演员非常惊喜，一场戏演完，大家都为她鼓起掌来，还有人夸赞她说："真没想到，你还有这么好的表演潜能。"她也不好意思地笑了起来，很为自己之前的怯懦和犹豫感到后悔。

事情非常明显，如果不是这位场务在关键时刻停止犹豫、下定决心大胆行动的话，她本身具有的表演潜能就不可能被发掘出来。在这个案例中，行动发挥了十分关键的作用，让场务能够突破自我设限，把自己身上处于"休眠"状态的潜能挖掘了出来，创造出了令自己都觉得难以置信的成功。

这个案例也提醒了我们，不要总是用过于保守的眼光看待自己，其实我们可能都有一些自己不知晓的能力，只不过因为我们不敢去行动，或是还没有获得行动的机会，无法证明自己是不是真的具有某项潜能。

潜能就像是一座等待我们开发和采掘的宝库，它储藏着丰厚的能量，只要我们能用行动这把"钥匙"去打开宝藏，就能获得无穷的收益。

我们可以从以下几个方面行动，挖掘出自己的潜能。

▶ 做一些挑战自我的事情

常言道：世上无难事，只要肯登攀。的确，如果在固有意识中认为某件事是不可能的，我们就会不停地说服自己不用行动，以免遭遇失败。可要是你相信自己能够做到，就能够产生无穷的勇气，敢于挑战自我。

挑战自我就是挑战我们的心态、挑战我们的执行力，这虽然不是一件容易的事情，但是可以让我们知道自己的优点是什么、不足又在哪里。然后我们就可以更好的认识自己，并能够在切实的行动中完善自我、提升自我。

▶ 坚持做一些有难度的事情

有很多人之所以没能挖掘出自己的潜能，是因为太容易放弃。当他们尝试做一些有难度的事情时，只要遭遇了一次、两次失败，就会宣告放弃，然后对自己说："我确实不具备这方面的能力，还是算了吧。"这种心态其实是非常有害的，因为成功可能就在下一次行动中，可是他们却因为一次失败就放弃了所有的可能，而且还让自己的潜能也失去了曝光的机会，这是多么可惜啊。

因此，要想挖掘出自己的潜能、要想依靠潜能获得成功，我们首先就得学会坚持。对于自己看准的事情，要付诸大量的行动，争取把这件事情做好、做出成绩，潜能也就会被自然而然地挖掘出来了。

▶ 尝试自己不熟悉的事情

人们往往都有这样的坏习惯：喜欢做自己熟悉的、擅长的事情，对自己从未尝试过的事情会有一种天然的排斥感，没有勇气去尝试，害怕会出纰漏、害怕会被他人嘲笑。可是，如果总是停留在自己熟悉的领域，就很难获得突破，不但自身能力得不到提高，也更不可能发掘出自己的潜能。

因此，我们要说服自己去做一些不熟悉的事情，比如试着画一幅画、做一顿晚餐、唱一首歌、写一篇文章，等等。潜能很有可能就体现在这些小事情上，也许我们只进行了这一次行动，就会发现一些不一样的东西，进而就激发我们内在的强大的潜能。

总之，潜能是无限的，只要我们敢于行动，就一定能够寻获潜能，让自己的人生变得更加精彩。

08

第八章

影响他人，让团队动起来

你的团队为何止步不前

每个企业、团队、个人都有自己的理想、愿景和奋斗目标，而这些需要执行力才能实现。离开了卓越的执行力，再美好的理想也都只是空想。

但让人遗憾的是，在很多团队中，执行力低下的问题仍然非常普遍，导致团队发展岌岌可危。在这种团队中，决策与实施常常不能快速结合，团队反应迟钝、效率低下；团队成员不懂得自发自觉地做事，使得整个流程运转不顺畅；再加上分工不合理、成员之间彼此掣肘，更会影响整个团队的执行力，使团队经常出现止步不前的情况。

章磊在一家公司担任营销部经理，他每天最大的烦恼就是团队执行力太差、效率低下。上个季度，公司给他们部门制定了 400 万元的销售目标。章磊抓紧时间召开了工作会议，想要把目标分解到个人，可是员工们一个个无精打采、一点也不积极。章磊十分生气，当场拍了桌子，大声指责员工们："你们是在为我工作吗？就不能争口气！"

章磊发了这一通脾气，才让员工们开始正视眼前的工作，他们不情愿地接受了任务，可是很多人看上去还是对工作不上心，拖拖拉拉、互相推诿，章磊批评了这个，又要教育那个，忙得不可开交。

就在他感觉焦头烂额的时候，一个大客户主动提出了合作意向，开价也很是爽快，公司决定让章磊的部门负责与客户洽谈。如果项目顺利完成的话，季度销售目标就能轻松达成。章磊对这个项目非常重视，赶紧督促员工拟订内容新颖的企划案，谁知几名员工根本没有把心放在工作上，不光耽误了时间，做出来的企划案也没有什么亮点。章磊拿着这样的企划案去和客户见面，后果可想而知。

因为失去了大客户，章磊和全部门员工都挨了处分、扣了奖金。眼看季度考核的时间快到了，部门完成的业绩却还不到200万元。面对如此糟糕的"成绩单"，章磊无可奈何，他觉得自己已经做了很多工作，但不知道为什么，就是无法改进团队的执行力。

从上述案例中我们可以发现，执行力低下已经成了影响团队发展、偷走团队业绩的最大黑洞。在这个团队中，管理者没有找到造成执行力低下的真正症结，只是一厢情愿地督促员工，让员工"争气"。但是不进行沟通、流程、制度方面的调整，想单纯依靠员工自觉来提升执行力是不现实的，最终在执行力方面也难免会出现各种问题。

因此，管理者需要多多审视自己的缺失、注意修正管理层面的隐患、推动执行力的提升。

具体来看，执行力缺失可能有以下几方面的原因。

▶ 只有"发号施令"，却没有双向沟通

执行力不能仅依靠管理者单方面的发号施令和权威去提高，这样只会让员工越来越像一群没有主动性、积极性，只知道机械执行命令的"机器人"。事实上，执行力是通过高效、精确、到位的沟通产生的。当管理者能够准确、清楚地描述自己下达的每一个任务，员工也能够理解自己应当怎样行动才能达成目标的时候，团队的执行力就会自然而然的提升。

▶ 信息传递不精确

提高执行力的一个方法，就是将用来指导行动的目标、计划、方法、标准等精确、到位地传递给每一个员工。然而有些管理者在这方面还有很多欠缺，有的不善于表达，造成了信息传递失真；有的考虑不周，造成了信息传递的遗漏；还有的不考虑员工的理解力，动不动就将简单的方案做成庞大的报告，策略很多很广、面面俱到，让下属找不到重点。这些做法不光会影响执行力的提升，还有可能让行动的结果走样。

▶ 流程不合理，浪费时间问题严重

团队内部没有简洁、精练、易于理解的工作流程和制度，动不动就通过召开会议解决问题，程序烦琐、时间冗长，最后又拿不出可行的方案，导致行动的效率越来越低。

另外，各部门行动不协调，经常出现多方掣肘，也会导致原定

的计划被处处拖延，出现问题大家互相推诿、部门与部门互相扯皮、员工极尽保全自我之能事——功劳都是自己的，做得不好的就让别人当替罪羊。如此，必然会给行动造成极大阻力，最后受损失的还是整个团队。

▶ 没有进行严格的监督和考核

执行力的缺失与监管不够、奖惩不利有莫大的关系。管理者授权任务的时候不能单靠员工自觉，更需要对员工进行严格的管理和有效的监督考核。在监管过程中还要注意奖惩分明，对执行力优秀者应及时给以奖励，对执行力低下者则要适当予以处罚。否则，员工的积极性、主动性和团队凝聚力都会大受影响，管理者的想法、决策在行动过程中就会走样，有时甚至变得面目全非。

基于上述原因，管理者应当从更深的层面去反思如何提升团队的执行力。比如要简化制度和流程，同时在团队内部重视高效沟通和合理授权，打造明确责任分工的团队，避免在出现问题时出现推脱责任的问题，这样，团队的执行力才有可能一步步提升。

高效沟通，为执行力加分

在团队中如果出现执行力不如人意的情况，有很大可能与缺少沟通有关。有的管理者或团队成员在互相传递信息时，既不会表达自己的要求又不会倾听对方的想法，结果造成上下级各行其是，工作进度也就无从谈起。

对于这一点，有的团队管理者感觉特别苦恼，明明指令已经下达下去，却不知道自己的员工在干什么，到了规定的期限，员工也拿不出满意的成果，让管理者为团队执行力差的问题烦恼不已。

类似下面这两个案例中的情景在很多团队中都曾经出现过。

在一个负责软件维护的团队中，管理者来到了一位员工面前，气冲冲地质问道："你是怎么处理模块的？服务部门已经投诉我们了，说一个服务功能已经失效整整48小时了。这一块是你负责的，你赶紧想办法啊！"

员工一听就不乐意了，立刻从电脑桌面上找出一封邮件："这不能怪我啊，邮件上写得清清楚楚的，参数和以前不一样了，适配的工作可不归我管啊。"

管理者一听更生气了，又去找负责适配的员工，结果那位员工双手一摊说："有没有搞错啊！每天这种邮件多了去了，我怎么可能一一看得过来，重要的事情得找个人来通知我啊。"

管理者无话可说，又去找负责处理邮件的员工。就这样，办公室里吵吵嚷嚷了半小时、一小时……问题却根本没有解决，管理者头疼不已，最后只得亲自动手，才算勉强渡过了难关。

还是在这个团队里，管理者接受了上级交办的一项任务，他安排了甲和乙两个人一起完成。这两人都说没什么问题，管理者也就放下心来，没有过多过问。

一个星期后，管理者叫来了两人，想问问任务的进展。甲说：

"我负责的那块已经差不多了，可是乙的还不行。"管理者不悦地问乙是怎么回事。乙振振有词地说："我还需要丙给我提供一些数据，所以我把一部分任务直接交给他了，他正忙着收集数据呢。"

管理者吃惊地说："我把任务交给你的时候，你怎么没提出这个问题？"

乙满不在乎地回答："我没开始干怎么知道会遇到什么困难？"

管理者无可奈何，只好让乙定一个截止日期，尽快上交成果。乙表示自己一完成就会上交，但没有给出具体的时间。

又是一星期过去，管理者仍然没有等到乙的回复，去找乙的时候，乙却把责任推给了提供数据的丙。管理者只得去催促丙，丙说自己遇到了一些技术问题，需要重新收集数据。就这样，时间一星期一星期地过去，管理者为了这个任务愁眉不展，上级也给了他不少压力，还批评了他好几次，说他带的团队是全公司执行力最差的。

在这个团队中，沟通几乎成了可有可无的东西，管理者在下达任务时十分随意，员工遇到问题也不及时反馈，同事之间更是将沟通协作变成了推诿扯皮。在这种缺少必要沟通的情况下，执行力又怎么可能得到提高呢？

事实上，沟通的目的就是要让对方能够理解我们所要传达的信息或情感，从而能够按照计划行动。沟通的质量越好，传递的信息越准确、全面，执行力也就会越强。反之，要是像案例中的这个团队这样忽视沟通，难免会出现执行受阻的问题。

那么，该怎么增进沟通，进而提升个人和团队的执行力呢？

▶ 要明确沟通的目标

沟通一定要有目标，这样团队中的沟通才会有意义，也才能够起到指导行动的作用。但是在实际工作中，很多管理者对这一点还没有清楚的认识，他们惯常的做法是想到某件事就把员工叫过来，随意地吩咐一些工作内容，就算是把工作任务布置了下去。可是员工对于工作的意义一无所知，也没有明确的工作方向，再加上管理者也没有准确地描述工作的标准，那么员工在具体行动的时候难免会错漏百出，最后管理者不得不出来收拾"烂摊子"。所以，我们在布置任务之前，就应当明确沟通的目标，这样才能通过沟通对员工进行工作方法和思路的指导，让员工更加顺利地开始行动。

▶ 要准确传递信息

沟通从本质上说是一种信息的传递。在团队中，为了提升执行力，就更需要通过沟通来准确传递信息。只有员工充分领会了领导传达的信息，才知道自己应该如何行动。相反，如果员工在沟通中接收到了错误的信息，或是接收到的信息不全面，就有可能让行动的结果与我们预设的目标和计划相差甚远。

因此，在团队中，一定要努力消除影响信息传递的障碍。比如有的团队信息传递的环节太多，一件小事可能都要经过几人之口才能传达到位，那么在传达的过程中，就很有可能出现信息的遗漏或失真，也会影响团队的执行力。所以有这种问题的团队应当及早精简流程，让信息传递的环节减少、时间缩短，这样接收方才能获得更加准确的信息，并由此开展适当的行动。

▶ 要准确地定位对象

沟通无效或效果不佳，还有一个常见的原因是没有找到正确的沟通对象。比如我们在遇到问题的时候应当找到正确的当事人去沟通，否则找错了对象，不但解决不了问题，还可能引起一些推诿责任的情况，让团队内的职责分配更加不清晰，执行力也会变得更差。同样，如果要进行跨团队、跨部门的沟通，或是向上沟通，也要遵守"专人专事"的沟通原则，只有找对了人，问题才会迎刃而解，执行力和办事效率都会大大提升。

最后，我们还要注意沟通中的反馈问题。沟通是一种双向活动，正所谓"一个巴掌拍不响"，我们如果只注意发出信息，却不收听员工的意见和想法，也称不上是成功的沟通。在团队中，我们必须时刻关注员工的反应，这样才能知道他们在行动中遇到了哪些困难、想到了哪些创意，并可以及时给予他们帮助和指导。这样一来，沟通才会成为执行力的加速器，让整个团队的执行力越来越强。

精确到位是执行力的终极目标

为了提高执行力，在团队中我们不但要做到高效沟通，还要做到精确到位。所谓精确，就是信息传递准确，不会出现偏差或遗漏；所谓到位，就是员工对自己该采取什么行动非常清楚，不会有茫然无措的感觉。

遗憾的是，在现实工作中，有不少管理者在与员工沟通的时候仍然没有掌握"精确到位"的要领。虽然管理者心中有很多设想，但陈述的时候不到位；再加上员工的理解能力各不相同，也很难做到理解到位。同样，在员工行动的过程中，管理者也没有做好持续、到位的沟通，不知道员工的行动到了哪个阶段，也不知道员工在行动中遇到了哪些困难、发现了哪些问题。凡此种种，都会让团队的执行力大打折扣，很有可能出现行动延误或行动失败的结果。

小贾在某公司项目开发部担任一个子项目的组长，由于这个项目的难度较高，小贾便向项目经理申请增加人手。很快，项目经理就从别的小组抽掉了两名人员过来，于是小贾就给两人分派了一些任务，不过都是口头布置下去的，也没有特别说明什么要求。

两个同事以为这些就是全部工作内容，很快就完成了各自的任务，又口头和小贾确认了一下。当时小贾手头正有工作，没仔细听，就随口答应了一声。两人看小贾没有别的安排了，就跟项目经理打了个招呼，各自回到了各自的小组。

等到小贾忙完手头的事情，再回头来看这两人上交的成果时，感觉和自己预想的结果相差很远，于是小贾赶紧去找两人回来修改，可是那两人已经接受了新的任务，一时腾不开时间处理。小贾很是生气，认为这两人不配合自己的工作，影响了整个小组的工作进度。

小贾去找项目经理"告状"，于是项目经理又叫来了两人，问清原委后，经理把小贾批评了一顿，说他没有把沟通做到位，才会弄出这么多麻烦。

小贾在与同事沟通时就没做到位。在下达任务的时候，他没有准确地说出自己的要求，让同事只能凭自己领会到的意思行动；在同事行动的过程中，他也没有与同事保持沟通，使得同事走上了错误的方向；在同事向他汇报成果的时候，他更没有聆听到位，只是随意敷衍了一声，结果后来出现了问题，他才急急忙忙地去向同事追责，却为时晚矣。

要想避免出现小贾犯的这些错误，就要注意做好以下几点。

▶ 将自己的要求表达到位

在团队中与同事、下属沟通时，要注意清晰准确地表达自己的要求，避免模棱两可的说法和含糊其辞的观点。有这样一个沟通不利引发偏差的例子：一位管理者让自己的下属去购买一些文具，但只说了买一些签字笔、复印纸，没有准确说明具体的规格。结果下属按照自己的想法买了一些文具回来，管理者发现和自己的要求大相径庭，不禁十分气愤，连声斥责下属不会办事。下属虽然不敢与之争辩，却在心理偷偷埋怨管理者表达能力太差，连要求都说不清楚，害得下属白忙活。

为了避免因这样的问题造成团队执行力低下，我们可以在沟通前先打个草稿或是腹稿，搞清楚自己要沟通的事项涉及哪些人、事、物，以及具体的要求、操作方法和截止日期等。在沟通的时候，必须保证将这些要素完整、准确地传递给了对方，才算是精确到位，任何一个要素有缺失或是不准确，都可能给之后的行动造成阻碍。

▶ 沟通中及时记录，避免遗漏

沟通中有一个会经常出现的现象叫作"沟通漏斗"，就是在我们说出的、对方听到的、对方理解的，以及之后执行的整个流程中，信息一直在衰减，很有可能我们想要表达的 100% 的信息，经过各种沟通漏斗后，最后只有 20% 的行动成果能够达到预想。

为了尽可能地减少沟通漏斗，我们就要注意做好记录工作。比如在接到上级交办的任务时，要把所有的要点都记录下来。同样，在给下属布置任务的时候，也要及时记录。所谓"好记性不如烂笔头"，记录不仅可以避免由记忆混乱造成的信息遗漏，还能提供一种"证据"，这样如果行动出现问题，我们就可以根据记录来查实责任方，也能避免很多不必要的矛盾和纠纷。

▶ 通过提问和讨论，确保理解到位

由于每个人看待问题的角度不同，分析、理解事物的能力也有高有低，所以不能指望在沟通时对方能够完全理解我们的意图。对于对方不理解的部分，我们可以通过提问和讨论来予以弥补。

比如当我们把自己要传达的信息都传达给对方后，就可以这样问对方："我的意思你都明白了吗？有什么不理解的地方？"这样对方就可以主动说出自己的疑问，双方也可以在讨论中增进理解，对

于之后顺利的行动很有帮助。不过也有些时候，对方可能不太愿意主动表达，我们也可以要求对方复述一下之前所说的要点，这样也能检测出沟通的效果，有助于对方理解到位。

▶ 加强行动中的监督，保证方向正确

沟通的目的最终还是要落实到行动上的，我们还要将一部分精力集中在对方的行动上，千万不能分配完任务就高高挂起、不闻不问，这其实是一种缺乏责任感的表现。为了保证行动始终沿着正确的方向推进，我们就要保持监督跟踪工作，这种工作可以定期进行，也可以突击进行，而后者更能让我们发现行动中的存在的问题。

在这种监督工作中，如果我们发现行动的效率不如人意或是行动的质量存在缺陷，就应当立刻与责任人进行深入的沟通，要尽快找出原因，并想办法进行改进，这样团队的行动方向才不会偏离既定的目标。

消灭无效会议，让团队执行力飞驰

在团队工作中，会议可以说是一个集思广益的渠道。在不同的会议上，团队成员可以进行不同的想法碰撞，产生出富有创意的建议，为解决实际问题提供很多帮助。不过在现实工作中，很多团队的会议却发生了变质，要么会议过于频繁、时间过长，影响正常的工作，造成团队执行力迟缓；要么会议效果不佳，无法解决实际的

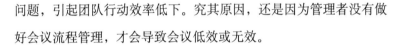

问题，引起团队行动效率低下。究其原因，还是因为管理者没有做好会议流程管理，才会导致会议低效或无效。

下面这个案例就是一次典型的"无效会议"。

一家私人企业的老板丁先生打算对员工进行执行力培训。虽然这个想法还很不成熟，但是丁先生觉得有必要召开一次会议，听听下属们的看法。于是丁先生让秘书通知各部门负责人、经办人员马上到会议室集合，半小时后召开会议。丁先生还让秘书转告大家："这个会议非常重要，谁要是不到会就是不重视公司的培训工作。"在这种情况下，即便有的负责人还有工作要处理，也只好先暂停，为此大家心里都有些情绪。

半小时后，会议如期举行。丁先生满意地看着到场的下属，对他们提问道："今天这个会议的主要论题是讨论执行力培训的组织和管理问题，大家可以畅所欲言，说说自己心中的想法。"丁先生本以为大家会踊跃发言，可是因为事出突然，几位负责人都还没有理清思路，一时也提供不了什么有价值的建议。

在一片令人尴尬的沉默中，丁先生的脸色越来越难看了，他不高兴地说："你们平时都是怎么做事的？难道就不会主动思考问题吗？怪不得执行力那么差！赵经理，你说说你的想法。"被点名的人事部赵经理只好站起来说道："我觉得公司可以从高校聘请一些知名的教授给员工讲讲理论知识，我们有些员工连执行力是什么都还没搞清呢。"

丁先生听完赵经理的建议，眉头紧皱，思考了一会儿，说道：

"教授做学问的水平是没的说的，可是他们教给员工的那些理论会不会脱离实际呢？"

赵经理知道丁先生对自己的提案并不满意，便赶紧附和了一句："我也有这方面的担心，要不我再想别的办法吧。"丁先生不满地"哼"了一声，没有再理睬赵经理，而是将目光投向了另一位负责人李经理，李经理连忙说道："我们可以联系一下某公司，他们是专业从事企业培训服务的，在这方面的经验很丰富，我们直接找他们出一套执行力培训方案，就能让公司的培训工作一步到位了。"

丁先生听完后点点头，但又马上质疑道："我也知道某公司不错，可是他们收费太贵了，咱们公司现阶段可承受不了这么高的成本啊。"

连着两位负责人都遭到了丁先生的否定，其他的负责人就更不敢开口了，大家低着头，一声也不敢出。看着这样的场面，丁先生的表情从期待慢慢变成了失望，他叹了口气道："我就知道，什么事都指望不上你们。算了吧，散会！"

说完这句话后，丁先生气呼呼地走出了会议室，下属们也如释重负地松了一口气，他们其实都觉得这样的会议没有任何意义，可是谁也不敢直接向丁先生挑明这个事实……

上述这种无效会议在很多团队都不少见，团队管理者对于会议的流程认识不清、对各项议程缺乏计划，结果让会议变成下属和员工的"梦魇"。这种会议不但无法解决困扰团队的问题，还会白白浪费员工的时间和精力，让团队的整体执行力越来越低下。

为了消灭这种"无效会议"，作为管理者需要做好以下几点。

▶ 判断是否有召开会议的必要

管理大师彼得·德鲁克曾经这样说过："要做一位有效的管理者，重要的一件事就是不开无效的会议。"而要做到这一点，就要求管理者必须对会议的必要性做出清晰的判断，不能什么问题都要召开会议去解决。事实上，有的小问题完全可以通过发通知、打电话、在线沟通等方法来解决，这样可以减少很多"可开可不开"的会议，也能为管理者及其下属、员工节省出不少宝贵的时间，而这些时间可以被用来处理更加重要的事务、转化为实实在在的团队执行力。

▶ 做好会议准备工作

召开会议的目的是为了商讨出解决问题的方案，从而为下一步的行动指明方向。因此在会议召开之前，我们一定要做好充分的准备工作，才能够确保会议产生实效。

具体来看，会议准备工作主要包括以下这几个方面。

第一，议题准备。管理者首先应当明确召开会议的根本目的，然后据此确定会议的议题。议题要描述得具体、明确，以方便参会者进行讨论。另外，议题的数量不能太多，以免成员精力分散，影响会议结果和之后的行动。

第二，流程准备。在确定议题后，管理者应当认真安排会议的流程，要安排好会议期间的每一个环节：先讨论主要议题，再讨论次要议题，最后还要对讨论结果进行总结。有了清晰的流程后，就能够有效减少参会者偏离主题侃侃而谈的情况，也能够节省不少时间。

第三，人员准备。为了保证参会者的良好互动，每次部门级别的会议应安排不多于 10 人参加会议——这些人员必须与会议议题有直接关系，而且能够客观、积极地发表自己的见解。

第四、时间准备：会议的时间安排也要力求合理，一般会议持续时间不宜过长，以免引起人员疲劳，影响会议效果。另外，如果会议中有高层领导出席，管理者还要事先确定领导的空档时间，再合理调整会议时间。

此外，管理者还应当准备必要的多媒体设备、纸质资料、电子资料等，使得参会者可以随时参考各种信息，拓宽思路、启发灵感，以便产生具有实际意义的行动方案。

▶ 有效控制会议进程

会议期间，管理者要发挥主持人的作用，有效控制会议的进程。首先，管理者应当告知参会者会议的议题及讨论顺序，并澄清参会者对议题的误解，使参会者能够形成正确的思路。

其次，管理者应当从参会者的发言中汲取有价值的信息，并安排专人进行记录。如果参会者的发言脱离了议题，管理者要及时提醒，避免其他参会者的思路受到影响。另外，会议期间如果出现冷场，管理者要想办法鼓励和引导参会者积极发言。最后，管理者还要注意控制会议的时间，做到按时召开、按时结束，不要在会议临近结束时又找别的议题来讨论，这样只会降低会议应有的效率。

最后，在会议结束前，管理者应当对参会者提出的各种观点进行归纳和总结，并敲定有效的行动方案，然后将任务和责任落实到具体的部门或个人，并指定完成时间、验收标准等。这样，会议讨论出的方案才能够落实到行动中，不会白白落空。

权力下放，给团队执行力创造提升空间

为了提升团队执行力，作为团队管理者，还要敢于权力下放。很多管理者恰恰因为没有处理好这一点，才会让自己整天疲于奔命、四处救火。与此同时，因为管理者把权力死死握在自己手中，导致团队成员的积极性、主动性、创造力得不到发挥，各项任务完成的效率不如人意，执行力无法获得进一步的提升。

要想改变这种局面，就要改变管理者事必躬亲、大事小事全部包揽的做法，要敢于授权、善于授权，才能让管理者节省更多时间和精力，把关注点放在真正需要自己处理的问题上。不仅如此，授权还能让下属得到有益的锻炼，让他们学会靠自己的力量解决问题，也可以使他们的执行力获得更快的提升。也正是因为这样，很多卓越的管理者都在研究如何更好地进行权力下放，以培养出更多的优秀人才。

广东省深圳市一家家具企业的市场总监魏先生最近觉得工作压力越来越大，每天要处理的事务太多、太杂，让他无暇将精力集中

在部门的主要业务上。魏先生考虑找个下属帮助自己分担一些任务，经过侧面考察后，他选定了经验丰富、思维灵活的小郑来担当自己的特别助理，还把一个与外商合作的项目交给小郑处理。

在正式对小郑授权之前，魏先生与小郑进行了一番深入的沟通，仔细征询了他的意见，问他是否对这个项目有信心。小郑开始有些犹豫，很担心自己会把事情办砸，让魏先生失望。但魏先生鼓励他说："成与不成，只有通过你的行动才能知道答案。你就大胆地去做吧，我会全力支持你的。"

在魏先生的说服下，小郑鼓足勇气接受了任务。由于小郑本身对业务流程非常熟悉，又有魏先生的帮助，所以并没有遇到太大的困难。不过，魏先生也没有放松管控工作，他要求小郑每个星期提交一次工作报告，以了解他与客户会见的频率和面谈的情况。小郑认真负责地完成了每一次报告，有拿不准主意的地方就赶紧请示魏先生，上下级之间一直保持着紧密的沟通，也使得项目能够顺利推进。

最终，小郑顺利地代表公司与外商签订了合作意向书，魏先生对他大加鼓励，也开始将更多的权力下放给小郑。经过一次次的锻炼，小郑的办事能力、执行力大有提升，成了市场部的得力干将，为魏先生分担了不少压力，魏先生也可以将精力集中在更加重要的任务上，部门业绩蒸蒸日上。

在这个案例中，管理者可以说深谙权力下放的艺术。他在自己无暇他顾的时候敢于将权力下放给自己的下属，而且非常善于做下属的思想工作，让下属愿意接受有难度的任务，并能发挥出全部才智和工作积极性。

此外，管理者也没有忘记在权力下放的同时进行有效的管控和紧密的沟通，使得自己可以随时掌握下属的行动过程和行动结果，并随时给出意见。正是由于具备了这种授权的艺术，团队才能不断焕发新的生机，同时被授权的人才也才能够加速成长，并表现出更加强大的执行力，做出更加有益的成绩。

当然，想要让授权发挥出如此积极的作用，我们就要像案例中的管理者一样，善于选人、用人，并且要对下属给予足够的信任，使下属减少一些不必要的顾虑，勇敢地发挥能力。为此，管理者应当注意做好以下几点。

▶ 在职权范围内给予员工一定自由度

为了提升员工的执行力，管理者在授权时应当考虑到员工有自我发展和自我展示的需要，所以可以给他们一定的自由度，允许他们在职权范围内发挥主观能动性，创造性地解决问题。这样既能够锻炼他们解决问题的能力，又能够让他们获得一种自我管理的愉悦感和满足感。

比如在全球著名的咖啡连锁品牌星巴克门店内，普通的店员就被授予了一些权力。比如他们可以给自己的熟客送上免费续杯或是一块小糕点；有时遇到顾客不小心倒翻了咖啡的情况，他们也可以决定要不要为顾客免费调制一杯同样的咖啡。因为这些决策在他们的职权范围内，无须请示上级。像这样的授权就给了员工一种当家做主的感觉，让他们非常自豪。至于得到这些额外服务的顾客也常常感到十分惊喜，他们会对星巴克产生更多的好感，以后也会多多光顾。

▶ 在授权之后要表现出信任，不要随意干预

虽然我们不断强调在授权后要进行严格的管控，但是管理者也不必矫枉过正、过度紧张，将正常的授权变成了对下属、员工的随意干预和毫不信任，这样做只会让下属、员工觉得寒心，会影响他们的积极性和执行力，也会影响授权最终的效果。

信任是授权的基础。管理者应当尊重下属、员工，给予他们必要的信任，在合理的管控之余就不要再不断指手画脚、乱提意见，这样才能给下属、员工巨大的精神鼓舞，激发他们强大的执行力，让授权变得更加成功。

▶ 授权要有相对稳定性

授权还要注意保持相对稳定性，也就是说管理者要做好心理准备，不能听到风吹草动或者发现下属、员工的执行情况与预期稍有偏差就急急忙忙地收回权力，这样一方面会影响下属、员工的工作态度，不利于锻炼和培养人才；另一方面也会因为随意打乱既定部署而影响团队执行力的提升。

因此，管理者在授权前要多做准备、谨慎选人，一旦选定人选并授权就不能频繁更改。在授权过程中，管理者要对下属、员工多一些宽容之心，不要过分计较一些细微的偏差，更不能没事找事、

吹毛求疵，这样授权才有可能顺畅地进行下去。

此外，为了培养、激励下属和员工的执行力，管理者还可以多授权他们做一些富有挑战性的工作，这类工作可以稍微超出下属、员工的能力，但在他们刻苦努力之下完全可以达成。像这样的授权就能挖掘出下属、员工身上的潜能，帮助他们快速成长，也可以让管理者为团队培养出更多拥有超高执行力的人才。

将执行力融入团队文化中

如果你是一名团队管理者，那么为了让全体成员能够心往一处想、劲往一处使，就需要构建独特的团队文化。在现实中，我们也确实看到每个团队都有自己的文化，但是很多团队的管理者在构建文化时往往容易走入一个误区，那就是文化都是给别人看的，或者只是一些停留在表面的肤浅的口号。这样的文化仅仅流于形式，起不到什么实际的作用，对于团队成员执行力的提高也没有任何帮助。

事实上，想要影响整个团队，让大家都能积极地行动起来，我们就应当想办法将执行力融入团队文化之中，要让行动自然而然地写进每个人的心灵，让大家都能想到与其空喊口号、不如开始行动，这样才能将各项目标、计划落实到位。也就是说，团队精神的核心是文化，而执行力是文化的关键，缺少了执行力的团队文化，即使听上去再诱人，也无法贯彻执行文化团队。

小秦在一家外资企业工作，因为工作能力突出，他被提升为部门主管，负责管理本部门 17 名员工的工作。新官上任的小秦觉得全身充满激情，他早就发现本部门的一些员工工作态度不太积极、执行力差，遇到问题喜欢拖延、推诿，所以他决心改变这种现状。

小秦风风火火地在办公室里写下了一篇"团队宣言"，拿到部门，把大家召集到一起说："从现在开始，这个宣言就是我们新的团队文化，我希望大家每天上班前都好好地念一念，争取让我们部门有个崭新的面貌。"

这些员工看着小秦写下的"团队宣言"——其实就是一大堆口号的集合体，像什么"时间就是生命、效率就是金钱""排除万难，一心向前""把每一件简单的事做好就是不简单"，等等，员工们早就烂熟于心，可是谁都没有真正拿这些口号来要求自己。看着小秦兴奋的样子，员工们也不好故意与他唱"对台戏"，便都随口敷衍着，说一定听从领导的安排。

小秦满心以为这下子团队的执行力肯定能上一个台阶，没想到一切却依然如故。小秦给员工下达指令，有的员工嘴上说着"知道了"，可是却不行动，总是能拖就拖，不催上几遍，他们根本不会动手。更有甚者还要跟小秦争辩几句，说自己"每天忙得跟个陀螺似的停不下来，你还总给我们加码"。面对这种情况，小秦束手无策，上级布置下来的任务没办法按时完成，他也要接受上级的批评。

没过多久，小秦就一改之前的意气风发，变得牢骚满腹，他经常在心里抱怨着："这些员工简直比算盘珠子还懒，不拨不动，有的拨了也不动。公司花钱招人是来干活的，可就凭他们的执行力，能干成什么呢？"

小秦虽然下了一番功夫准备提升团队的执行力，可为何最后却没能起到一丁点儿的效果的呢？原因就是小秦没有抓住问题的关键，将执行力的提升做成了"表面功夫"。虽然员工把动听的口号读了一遍又一遍，但他们并没有从思想深处接受执行力文化，所以他们的工作状态并没有获得多少改善，接到任务后还是会习惯性地敷衍、拖延，让小秦愁得不可开交，而团队的执行力也难以提高。

要想解决这种问题，关键还是要形成强大的执行力文化，使得员工能够建立起强烈的行动的意愿，愿意在工作中发挥主动性和积极性。当团队执行力逐渐提高之后，管理者就会惊喜地发现，有时自己还没有下达指令，员工就会抢着去行动，团队业绩也会节节攀升。

那么，怎样才能让执行力融入团队文化中呢？这里提供几点供大家参考。

▶ 团队管理者要发挥引领和指导的作用

为了提高执行力，让员工习惯"快、准、狠"的行动，管理者必须充分发挥应有的作用。首先是要发挥"带头人"作用，要目光敏锐、积极进取，为团队定好方向、把握好全局，从而引领和指导员工向着正确的目标不断迈进。

其次，我们还要发挥好"指导人"的作用，要将执行力的精神传递到团队中的每一个人，如果发现有员工在执行力上存在问题，管理者不能听之任之，而是要和员工一起去寻找执行力低下的原因，并找到切实的改进办法。这样才能让整个团队高速地动作起来，不会有任何一环发生掉队、拉后腿的情况。

▶ 培养员工的服从意识

我们需要培养员工的服从意识和协作精神，这种服从意识指的是有令即行，办事不打折扣、不找借口；而且要自然地形成个人利益服从团队利益的习惯，使得每一位员工个人都能够自觉接受团队规章的约束。

服从意识能够使团队产生高度的凝聚力和强大的战斗力，避免了个人化造成的分歧。不过管理者也要注意，培养服从意识不是要在团队中制造没有灵魂、只知道按照指令行动的"机器人"，而是要让团队的执行力变得更加强大，所以在具体的行动过程中也要注意发挥员工的主动性和创造性，这样才能为团队增加鲜活的生命力、创造力。

▶ 全面建立起执行力文化

所谓执行力文化，就是要把"立即行动"作为团队所有行为的最高准则。也就是说，团队管理者要从战略高度看待执行力，要采取各种措施，包括建立相关制度、适当引进赏罚机制等来强化员工的意识，使员工不会再对执行力掉以轻心，也不会再产生一种侥幸心理来逃避行动，从而逐渐培养出实干精神，着力营造出"敬业爱岗、雷厉风行、负责到底"的工作作风，使团队思想更加坚定、目标更加统一，工作流程也更加顺畅。

▶ 设计科学有效的办事方法

成功一定有方法，如果遇到看似"不可能"的问题，那可能是因为我们还没有找到正确有效的方法。所以要试着去突破思维定式，打破之前认定的"框框"，多做逆向思维，改变自己注意的焦点，启发想象力与创造性，才能找到解决问题的方法。

比如有的团队的办事方法就存在严重的问题，使得一些简单的任务被复杂化——一个小小的问题都需要层层上报、审批才能决定，这也是让员工无法立即展开行动的原因之一。所以管理者应当多设计一些科学有效的办事方法。比如，可以使用高效的电子系统来取代人工操作，将作用相似的流程进行合并，取缔不必要的岗位，等等，这样不仅可以提高行动的效率，也能够大大减少管理成本。

当然，有了好的方法后，还需要科学地筹划、完美地施行，其中任何一个细节都不容有差。做到这些，距离团队执行力的提升也就不远了。

图书在版编目 (CIP) 数据

绝对执行力 / 张松著 . —北京：中国法制出版社，2020.5
（心理学世界）

ISBN 978-7-5216-0938-7

Ⅰ . ①绝⋯　Ⅱ . ①张⋯　Ⅲ . ①成功心理 – 通俗读物
Ⅳ . ① B848.4–49

中国版本图书馆 CIP 数据核字（2020）第 037200 号

责任编辑：郭会娟（gina0214@126.com）　　　　封面设计：汪要军

绝对执行力
JUEDUI ZHIXINGLI

著者 / 张松
经销 / 新华书店
印刷 / 三河市国英印务有限公司
开本 / 880 毫米 × 1230 毫米　32 开　　　　印张 / 7.75　字数 / 208 千
版次 / 2020 年 5 月第 1 版　　　　　　　　2020 年 5 月第 1 次印刷

中国法制出版社出版
书号 ISBN 978-7-5216-0938-7　　　　　　　　　　定价：39.80 元

北京西单横二条 2 号　邮政编码 100031　　　　传真：010-66031119
网址：http://www.zgfzs.com　　　　　　　编辑部电话：010-66022958
市场营销部电话：010-66033393　　　　　邮购部电话：010-66033288
（如有印装质量问题，请与本社印务部联系调换。电话：010-66032926）